# Prodige de la main

SYLVAIN BÉDARD, PIERRE BERTRAND, ROGER CEVEY, JESSICA GUENOT, DAVID LE BRETON, GEORGES LEROUX, JOSEPH J. LÉVY, JEAN-FRANÇOIS MALHERBE, ALAIN MÉDAM, JEAN MÉTELLUS, JEAN-A. NISOLE, YVON PAGEAU, SIMON RICHER, CLAIRE SILVERA-ROCHON, ROGER SOMÉ, MARIA-GRAZIA VILONA, FLORENCE VINIT, ERIC VOLANT

# Prodige de la main

LIBER

Les éditions Liber reçoivent des subventions du Conseil des arts du Canada, du ministère du Patrimoine canadien (PADIE), de la SODEC (programme d'aide à l'édition et programme d'aide à l'exportation) et participent au programme de crédit d'impôt-Gestion SODEC pour l'édition de livres du gouvernement du Québec.

Maquette de la couverture : Jonathan Tremblay
Photos page 1 et 4 de couverture : ©Alain Décarie

Dépôt légal : 4e trimestre 2006
Bibliothèque et archives nationales du Québec

ISBN-10 : 2-89578-110-9
ISBN-13 : 978-2-89578-110-3

Je me suis parfois étonné qu'il n'existât pas un " Traité de la main ",
une étude approfondie des virtualités innombrables de cette machine prodigieuse
qui assemble la sensibilité la plus nuancée aux forces les plus déliées.
Mais ce serait une étude sans bornes.
La main attache à nos instincts, procure à nos besoins, offre à nos idées,
une collection d'instruments et de moyens indénombrables.
Comment trouver une formule pour cet appareil qui tour à tour frappe et bénit,
reçoit et donne, alimente, prête serment, bat la mesure,
lit chez l'aveugle, parle pour le muet, se tend vers l'ami,
se dresse contre l'adversaire, et qui se fait marteau, tenaille, alphabet... ?
Que sais-je ? Ce désordre presque lyrique suffit. Successivement instrumentale,
symbolique, oratoire, calculatrice agent universel, ne pourrait-on la qualifier d'organe
du possible, comme elle est d'autre part l'organe de la certitude positive ?

PAUL VALÉRY
*Discours aux chirurgiens* (1938)

# Présentation

L'idée de ce livre a été lancée dans un texte que j'ai fait circuler au début de 2005. Il n'est pas inutile que le lecteur sache en quels termes je la formulais. Je disais qu'il devrait s'agir « d'un ouvrage collectif qui traiterait des mains, une sorte de portrait anthropo-philosophique et littéraire, quelque chose qui ressemblerait à ces ouvrages de savante sensibilité que Gaston Bachelard a consacrés aux éléments fondamentaux de la vie, air, feu, eau, rêves. » Je poursuivais la description du projet en en rappelant en quelque sorte la préhistoire, c'est-à-dire en évoquant quelques moments qui attestent, à mes propres yeux du moins, de mon intérêt diffus et constant pour les mains. Voici le texte.

« Je me souviens notamment de ceci, et cela remonte à quelque trente ans. Dans un cours d'anthropologie, on lisait un jour l'introduction de Claude Lévi-Strauss à l'œuvre de Marcel Mauss. À un certain moment Lévi-Strauss rappelle l'intérêt de Mauss pour les "techniques du corps", pour les "modalités d'utilisation du corps humain", et évoque l'importance de procéder à "l'inventaire et la description de tous les usages que les hommes, au cours de l'histoire et surtout à travers le monde, ont fait et continuent de faire de leurs corps", usages qui se rapportent à l'effort et à la résistance, à la douleur et au plaisir, à l'adresse et au dressage, etc. Et l'anthropologue glisse ainsi quelques exemples précis d'habitudes corporelles, parmi lesquelles il y avait celle-ci, qui m'avait particulièrement intrigué : "la position de la main dans la miction chez l'homme". Je me suis alors demandé ce que cette position, à propos de laquelle je n'arrivais pas à me persuader qu'elle fût si variable, pourrait révéler sur le rapport au corps, la culture et la spiritualité des hommes. Ma curiosité n'a évidemment jamais été satisfaite.

« Le deuxième souvenir, ou complexe de souvenirs, que je voudrais évoquer concerne mon père. Quelques années avant sa mort, il avait dû se faire opérer la main droite. Il n'arrivait plus à l'ouvrir au-delà d'un certain point. Un tendon avait perdu une bonne part de son élasticité et, recroquevillé sur lui-même, faisait comme un amas figé au milieu de la paume. Il faut savoir que mon père, né et élevé paysan, a continué à travailler de ses mains dans le pays d'accueil, manipulant quotidiennement pioche, pelle, hache, sécateur, rateau, brouette et autres outils emmanchés. L'été il était jardinier, l'hiver il était déneigeur, comme beaucoup de ses compatriotes. Longtemps j'ai travaillé avec lui, parallèlement à mes études — main à plume et main à charrue, dirait Rimbaud. Je ne l'accompagnais pas toujours de bon gré évidemment, mais je n'ai jamais essayé d'ignorer son besoin d'aide. La scène qui s'est figée dans ma mémoire se passe en hiver. Le déneigement est un travail exigeant, ingrat, la tâche doit être exécutée rapidement, avec un effort constant et dans des conditions difficiles. C'était donc la nuit — il y a moins de circulation la nuit et on peut manœuvrer à l'aise —, au moment du départ, mon père était sorti avant moi pour préparer le *pick-up* bouteur. Quand je suis sorti, il était sous la camionnette dans le vent et la neige, éclairé par la lumière du garage dont la porte était restée ouverte, en train d'essayer de fixer la cheville qui ancrerait à la camionnette ce qu'on appelle la charrue. Je le voyais tirer et pousser la pièce mobile pour la mettre en position adéquate, et comme ses moufles étaient trop épaisses pour pouvoir manipuler la cheville, ils les avait enlevées, si bien que c'était à mains nues qu'il menait l'opération, chair humaine contre métal froid, respiration bloquée contre tourbillons de flocons, homme aplati au sol contre la machine et contre les éléments. Les mains trapues et parcheminées de mon père, à plusieurs reprises gelées, blessées, marquées ont résumé ce jour-là les efforts et la souffrance ordinaires, mais aussi le rôle de première ligne que jouent les mains dans notre rapport au monde.

« L'idée proprement éditoriale d'un livre comme celui auquel je pense n'est évidemment née que plus tard et pris diverses formes, par exemple celle d'une série. Ainsi, à une époque, j'aurais voulu concevoir à l'intention des enfants une collection de petites anthologies illustrées et commentées de proverbes, expressions et locutions figées sur chacune des parties du corps, les cheveux, la tête, les oreilles… et évidemment les mains : "jeu de main, jeu de vilain", "ne pas y aller de main morte", "passer la main", et ainsi de suite. Une autre variante de la même ambition ne portait même pas sur les mains, mais sur les jours de la semaine : quelle signification ont-ils, selon les époques et les cultures ? quelle rêverie construit-on autour de chacun d'eux ? comment emploie-t-on les uns et les autres ? comment en somme vivons-nous le temps ? C'est un très beau sujet celui-là aussi, et il faudra bien un jour y revenir.

« Entre-temps, voilà donc les doigts, voilà donc les mains. Ils prennent, ils montrent, ils caressent et frappent. Le répertoire de leurs actions, de leurs gestes déclinent la grammaire de nos rapports avec les choses, avec les autres, avec nous-mêmes, intérieur et extérieur. On lit notre nature dans ses plis, notre passé et notre présent dans leurs marques, leur forme. Main épaisse du paysan, doigts effilés du pianiste, ongles rongés du névrosé, doigt coupé des bouchers. J'ai toujours particulièrement aimé les mouvements des mains qui accompagnent l'exposition d'une pensée naissante, la formulation hésitante d'un sentiment, le récit de souvenirs lourds d'affect, les confidences. C'est comme si les mains soutenaient de leur matérialité attentive et caressante, accueillante, des êtres fantomatiques qui sans elles auraient la sécheresse du concept. Les gestes ne sont pas les mêmes selon que l'on expose une théorie constituée ou qu'on donne à voir le mouvement même de l'esprit.

« Les mains en somme ne sont pas strictement fonctionnelles, ce qui est certes une évidence. Mais à quel usage consacre-t-on de préférence tel doigt plutôt que tel autre ( le majeur dressé pour une insulte, par exemple, ou le pouce tourné vers le bas pour une condamnation ), quelle signification rattache-t-on à telle ou telle de leur position ( dans la peinture, notamment ) ? Pourquoi met-on la bague de mariage ici, mais celle des fiançailles là ? Comment expliquer que, dans telle société, pour faire signe à quelqu'un de se rapprocher, on oriente la paume vers la terre tout en fermant et en ouvrant rapidement la main, alors que, dans telle autre, la paume est tournée vers le haut et on ramène la main vers soi dans un grand geste du bras ? Comment une poignée de main en est-elle venue à sceller des contrats ou des amitiés ?

« Voilà quelques-unes des questions qui pourront servir de repères à une douzaine de collaborateurs de diverses compétences et passions. En tout cas, je les leur propose. Il en résultera à n'en pas douter une intéressante contribution à "l'inventaire des modalités d'utilisation du corps humain". »

Formulé de cette manière, le projet souffre évidemment de démesure. Car un livre sur la main à l'ambition encyclopédique est une entreprise colossale qui dépasse amplement ce qu'on peut consigner dans un ouvrage de dimension commune. Cela revient pratiquement à brosser l'histoire de l'humanité dans son ensemble, depuis les premières étapes de l'hominisation jusqu'à la robotisation contemporaine, en passant par les divers systèmes culturels, techniques et symboliques que l'homme a mis en place au fil du temps et à travers le monde. Aussi, on aura tôt fait en parcourant les pages qui suivent de relever les lacunes, même sur des thèmes les plus familiers et les plus massifs. Rien par exemple sur la main qu'opère et que greffe le chirurgien, rien sur la main du sportif.

Personne ne s'y est trompé pourtant. Et je suis déjà reconnaissant aux collaborateurs qui ont accepté de participer à l'aventure sans trop se formaliser de la vastitude de la tâche, attribuant sans doute à mon excès d'enthousiasme un défi qu'on ne saurait relever avec une telle légèreté. Ni encyclopédie, ni inventaire ethnographique, ni bilan historique, tout le monde a compris qu'il s'agissait essentiellement de constituer une galerie d'évocations, personnelles et largement lisibles, peu importe qu'elles fussent de nature scientifique ou littéraire, de la place et du rôle de la main dans l'existence de l'homme et dans sa destinée. Dans ce sens, dans leur forme comme dans leur fond, riches à la fois de connaissances et de sensibilité, les textes que nous publions aujourd'hui donnent parfaitement vie à ce projet qui me tenait particulièrement à cœur. Ils parlent suffisamment d'eux-mêmes pour qu'il soit nécessaire de les présenter ici. J'ajouterai simplement, parce que cet aspect n'avait pas retenu outre mesure notre attention comme s'il allait de soi qu'il ne créerait pas de problème, qu'ils sont souvent d'une belle et étonnante complémentarité. Et je remercie naturellement tous ceux qui ont contribué à cette réussite.

On me permettra pour terminer cet avant-propos de formuler des remerciements particuliers à l'endroit d'Alain Décarie, photographe et ami de longue date, dont plusieurs photographies sont reproduites dans ce livre. Celles sur lesquelles je voudrais attirer l'attention sont des portraits de personnes connues ( Louis-Pierre Bougie, Mario Bunge, Gilles Carle, Gérald Godin, Yosuf Karsh, Jean-Paul Riopelle, Jean-Pierre Ronfard, Michel Tremblay ) qu'il a généreusement mises à notre disposition et que nous avons reproduites ici et là. Alain Décarie aime beaucoup les portraits, je suis même porté à croire que, à son avis, c'est dans l'art du portrait que la photographie rencontre son principal défi, comme le pensait également Karsh, qu'il admire, et comme le pensent sans doute la plupart des photographes. Or, dans les nombreuses conversations que nous avons eues au fil du temps sur cette matière, aussi bien que dans les séances photos auxquelles il m'a été donné d'assister, j'ai toujours été frappé par l'importance qu'il accorde à la présence de la main dans le champ. Je me souviens ainsi de la prise de vues chez Jean-Paul Riopelle où il avait demandé à l'artiste de montrer ses mains. À la fois docile et ludique, Riopelle avait déposé le verre qu'il tenait et puis il s'était écrié « Mes mains ? mais il n'y a rien dedans ! ». De même, il a réussi à convaincre Gérald Godin, poète et homme politique, de se faire photographier son doigt coupé bien visible sur le visage.

Il n'a jamais formulé de manière théorique ce rapprochement, mais il me semble clair que, à ses yeux, le visage et la main sont complémentaires, comme l'intérieur et l'extérieur, le rêve ou la réflexion et l'action, comme si la présence de la main ancrait le visage, lui donnait un point d'appui dans la réalité des choses, comme si elle le lestait de vie concrète. Plusieurs des textes rassemblées ici évoquent d'ailleurs la profonde signification humaine du visage et de la main. J'espère que cet ouvrage contribuera à entretenir la richesse de cette signification.

Giovanni Calabrese
Éditions Liber

# 1

# De la préhension au toucher

Yvon Pageau

# Pour donner la main il fallait faire le premier pas

*Les ailes ont fait l'oiseau, la main a fait l'Homme.*
G. Nouveau

Toute l'histoire de l'évolution des vertébrés, depuis les premiers poissons apparus il y a 450 millions d'années jusqu'à l'Homme apparu il y a deux millions d'années, est l'histoire de la transformation de nageoires en membres marcheurs, notamment des membres antérieurs qui deviennent des bras pourvus de mains chez les primates arboricoles. C'est la voie royale qui a mené à la main humaine.

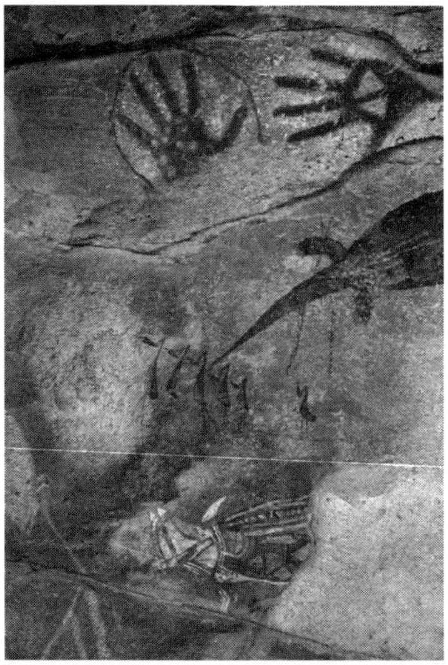

*Peinture rupestre australienne*

Mais il y a eu bien d'autres voies. Il y a 375 millions d'années, au Dévonien, on trouve à Miguasha sur la baie des Chaleurs, un poisson fossile dont les nageoires sont pourvues d'os qui préfigurent les os qui forment les membres marcheurs des tétrapodes (animaux à quatre pattes, quadrupèdes). Ce poisson se nomme *Eusthenopteron foordi*. C'est le prince de Miguasha. Dans l'état actuel de nos connaissances, il est le meilleur représentant d'un animal aquatique qui a fait quelques pas sur la terre ferme. Il annonce la conquête de l'espace terrestre par l'évolution, par la vie, car il sera suivi par des milliers de tétrapodes et plus tard par des bipèdes.

Ce qui frappe chez les premiers tétrapodes amphibiens apparus au Pennsylvanien il y a 300 millions d'années, puis chez les reptiles du Permien il y a 250 millions d'années, c'est qu'ils possèdent cinq doigts aux membres antérieurs et postérieurs. On se serait attendu que les premiers tétrapodes soient pourvus d'un ou de deux doigts plutôt que de cinq. C'est le contraire qui s'est produit. Certains groupes d'animaux conserveront ces cinq doigts jusqu'à nos jours, d'autres en perdront. C'est ainsi que certains reptiles-dinosaures et des oiseaux actuels ne retiendront que trois doigts. Pourtant, c'est chez les mammifères que les modifications seront les plus frappantes. Par exemple, les cervidés (cerfs, chevreuils) et les bovidés (vaches et bœufs) n'ont plus que deux doigts à l'extrémité de leurs pattes. Et c'est dans la famille des équidés (chevaux, mules) que la spécialisation est la plus spectaculaire puisque leurs pattes n'ont plus qu'un seul doigt. Rappelons que les cervidés à deux doigts comme les équidés à un doigt ont vu leurs griffes d'origine se modifier en sabots dont la substance est la même que celle des griffes et des ongles plats qui seront l'apanage des primates.

Beaucoup d'autres mammifères ont conservé les cinq doigts d'origine avec des griffes. C'est le cas chez les chats, les chiens, les écureuils et les ratons-laveurs. Chez les chats et les chiens, les doigts ne sont pas très longs ni très déliés. Ils le sont un peu plus chez les écureuils, qui peuvent alors tenir et décortiquer facilement les marrons et les glands. Ils le sont encore davantage chez le raton-laveur, bien connu pour son habileté à ouvrir les poubelles. Mais on est loin de la dextérité de la main des primates.

Chez les primates en effet, chez les grands singes (chimpanzés, gorilles, orangs) comme chez les singes de l'Ancien Monde (macaques, babouins), chez les petits singes du Nouveau Monde de l'Amérique du Sud (capucins, atèles, ouistitis) et même chez les prosimiens actuels et fossiles (tarsiers et lémuriens), le membre antérieur est devenu bras se terminant par une main. Une main à cinq doigts comme à l'origine, comme chez les premiers amphibiens du Pennsylvanien. L'évolution ne s'est pas perdue dans les détours des spécialisations.

Et pourtant, parfois, il semble y avoir régression. Certains mammifères quadrupèdes sont retournés à la mer, dans le milieu aquatique primitif de leurs origines. Leurs membres locomoteurs en ont été profondément modifiés. C'est le cas chez les phoques. Les membres postérieurs sont fusionnés en une nageoire caudale. Les membres antérieurs sont devenus des sortes de pagaies ou palmes natatoires. Cette adaptation s'est faite au détriment de la main, qui est disparue avec ses doigts. Quel dommage ! Mais c'est une adaptation au milieu aquatique qui a été très efficace, puisque des millions de phoques répartis en plusieurs espèces existent encore aujourd'hui.

Mais l'évolution est irréversible. Elle a gardé le cap sur l'essentiel, sur l'avenir d'une main à cinq doigts, la main des primates. Des doigts longs et déliés, portant des ongles plats et non des griffes et encore moins des sabots. Enfin, le premier doigt de la main des primates, le pouce, est un doigt opposable. Cette opposabilité du pouce et de l'index est une grande invention de la vie. Elle annonce la main humaine. Parfois même, le premier doigt du pied sans être opposable, est du moins divergent. Un avantage certain pour des animaux qui sont arboricoles, qui se balancent d'arbre en arbre, de branche en branche. Et pour souligner que la route sera encore longue vers l'acquisition de la main humaine, il faut rappeler que certains prosimiens (actuels et fossiles) possèdent encore une griffe à l'un ou l'autre doigt. Chez le tarsier actuel, si le pouce est opposable et le gros orteil divergent, le deuxième et troisième doigt du pied portent encore une griffe.

Le chimpanzé est certainement le primate actuel qui est le plus proche parent de l'être humain. On a même dit qu'ils possèdent en commun 99 % d'ADN. Quel est donc le 1 % qui nous sépare ? L'intelligence, la réflexion, la raison, la morale ? Et d'où vient l'intelligence ? Comment est-elle apparue ? Quand ? Pourquoi est-elle apparue ?

Quand on observe un bébé de quelques mois, on constate qu'il se traîne à quatre pattes et qu'il met à la bouche tout ce qui lui tombe sur la main. C'est par la bouche plutôt que par les mains qu'il fait l'expérience du monde. On a l'impression que ses mains sont encore des pattes, qu'elles n'ont pas encore trouvé leur véritable fonction, qu'elles sont encore un appareil locomoteur. Mais lorsqu'il marche, à dix ou douze mois, ses mains deviennent le grand appareil d'exploration. Il touche à tout. C'est avec ses mains que désormais il découvre la douceur ou la rudesse, la chaleur ou la froideur des choses.

Les mains du chimpanzé sont peut-être encore trop occupées à une fonction locomotrice. Elles peuvent se servir d'outils naturels comme des branches pour effrayer un prédateur, ou une paille pour attraper des fourmis dans une fourmilière, mais elles ne fabriquent pas d'outils. En paléontologie humaine, le critère ultime pour désigner un être dans le genre *Homo*, c'est de voir si le fossile est accompagné d'outils de pierre. Après la découverte des Australopithèques d'Afrique du Sud, on a reconnu en eux certains traits humains, mais comme on n'avait pas trouvé d'outils de pierre avec eux, on a conclu qu'ils n'appartenaient pas au genre *Homo*. Peut-être se sont-ils servi d'outils naturels, de branches ou de cailloux, comme les chimpanzés, pour chasser ou attaquer les indésirables. Mais cela ne suffit pas pour faire un *Homo*. Il faut un outil de pierre taillé, un outil travaillé délibérément. C'est l'*Homo faber* de Bergson[1].

Comment et quand cela s'est-il produit ? Quand un primate est devenu bipède. C'est l'acquisition de la bipédie qui a donné la main. Pour donner la main, il fallait d'abord faire le premier pas. C'est ce qu'ont fait les Australopithèques. Mais entre l'acquisition de la bipédie et la fabrication d'outils artificiels, il s'est écoulé encore du temps. Il a fallu que s'établisse un rapport étroit entre le développement du cerveau et celui de la main. Le regretté Jean Piveteau, paléontologue, écrivait : « Nous avons vu, avec les Australopithèques, la libération de la main et son association avec un cerveau réduit, qui a néanmoins les caractères d'un cerveau d'homme non de singe. On peut alors se demander s'il n'y aurait pas eu, dans une action corrélative, perfectionnement réciproque du cerveau et de la main par poussées alternatives et infinitésimales où, tantôt l'un, tantôt l'autre prend l'avance[2]. »

La bipédie suppose tout un train de transformations du squelette : un bassin plus court, une nouvelle courbure de la colonne vertébrale, une tête plus centrée dans l'axe de la colonne, des jambes plus longues que les bras, une nouvelle configuration du genou et du pied, enfin, détail insignifiant de prime abord, un gros orteil non divergent. Car si un orteil divergent est d'un grand secours pour la vie arboricole, il est complètement inutile pour un bipède. Comment cette nouvelle architecture du squelette s'est-elle opérée ? Dans le film *L'origine de l'espèce*, Yves Coppens dit que l'ancêtre de l'homme a constaté qu'en se redressant il pouvait voir plus loin au-dessus des grandes herbes, il pouvait mieux voir l'animal à fuir ou à chasser. C'est ainsi qu'il serait devenu bipède. C'est du lamarckisme. Le

*Coupe transversale d'un hémisphère du cerveau humain, carte modifiée de Wilder Penfield et T. B. Rasmussen*

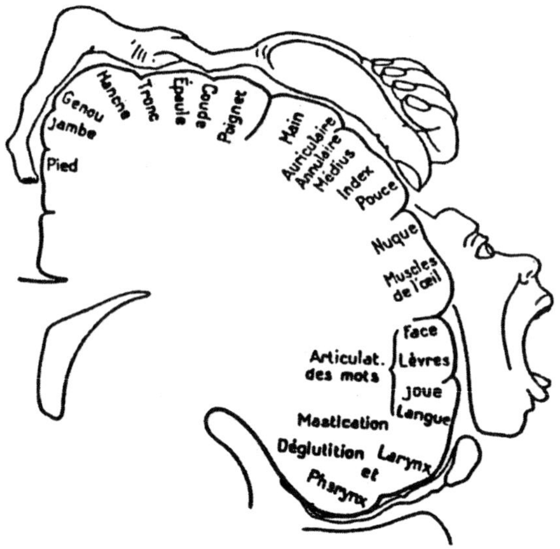


lamarckisme propose que les caractères sont acquis et transmis par hérédité, que l'usage crée l'organe. Malheureusement, la science n'a jamais pu démontrer de cas où l'usage crée l'organe. La question, comme l'écrivait Bergson, est de savoir si la taupe est devenue aveugle à force de creuser sous terre, ou si elle s'est mise à creuser sous terre parce qu'elle était déjà aveugle.

Le darwinisme propose que les caractères apparaissent par hasard et, lorsqu'ils sont adaptés à une situation donnée, ils sont conservés et transmis par hérédité s'ils procurent un avantage. C'est par sélection naturelle que les caractères se transmettent. Ce sont les meilleurs qui gagnent. Comme on l'a vu, la bipédie suppose plusieurs modifications du squelette d'un quadrupède arboricole, des modifications qui vont toujours dans le même sens : un nouveau pied, un nouveau genou, un nouveau bassin, un nouvel axe pour la tête, etc. Si tel est le cas, cette transformation a dû s'étendre sur des milliers d'années — encore qu'une transformation rapide soit possible. En tout cas, la génétique moderne le suggère.

Rappelons à cet égard que, dans les années 1960, on donnait de la thalidomide aux femmes enceintes qui souffraient de nausées[3]. Quelques années plus tard, on constatait que plusieurs de ces femmes accouchaient de bébés avec des membres atrophiés : des jambes sans pied, des mains sans doigts. Une catastrophe. On a appelé ces difformités phocomélie, maladie qui rend semblable au phoque. Conclusion, un médicament anodin peut causer des malformations importantes. Un rien peut transformer un quadrupède terrestre en animal aquatique. C'est la théorie du chaos : un bruissement d'aile de papillon peut avoir des répercussions cosmiques. C'est peut-être une autre voie que parfois l'évolution de la vie a empruntée. Une voie rapide, en rupture avec ce qui précède.

Autre exemple. On a découvert chez la Drosophile (la petite mouche qui tourne autour des fruits laissés sur la table) des gènes de développement qui n'agissent que durant le développement embryonnaire. Nusslein-Volhard, prix Nobel de médecine 1995 avec Lewis et Wieschauss, a montré que de tels gènes existent aussi chez les humains[4]. Ainsi, chez le fœtus humain de dix à douze semaines, les doigts des mains ne sont pas encore déliés, individualisés ; ils sont réunis par une peau de sorte que les mains ressemblent à des palmes, comme chez les phoques. Une semaine ou deux plus tard, des gènes absorbent cette peau et les doigts apparaissent distinctement. Ces gènes n'interviennent plus par la suite. Ils n'auront eu qu'une action ponctuelle et éphémère. Mais quelle action, puisqu'ils ont donné les doigts qui font la main ! Que serait une main sans les doigts ?

L'apparition d'outils de pierre coïncide sans doute avec la bipédie. Or les premiers, les plus vieux outils de pierres datent de 2,5 millions d'années. Ils appartiennent au genre *Homo* (*Homo habilis*, *Homo ergaster*, *Homo erectus*, etc.) des êtres qui ont vécu il y a 1,5 à 2 millions d'années. Mais de leur culture, de leur civilisation, nous ne savons à peu près rien. Il faudra attendre les hommes de Neandertal d'il y a 50 à 40 mille ans pour avoir des indices de sépultures. Il faudra attendre les hommes de Cro-Magnon d'il y a 35 à 20 mille ans pour avoir enfin une idée de l'*Homo sapiens*. Les peintures rupestres de Lascaux, d'Altamira, de Cosquer, de Chauvet, montrent enfin la main de l'Homme.

Édouard Le Roy, qui a remplacé Bergson au Collège de France, avait déjà écrit qu'il devait y avoir une association étroite entre la main et le cerveau : « La réflexion n'aurait pas commencé absolument parce qu'elle était immanente à la conscience qui accompagne toute vie et, en un autre sens, elle aurait néanmoins commencé au moment où elle est devenue explicite par l'effet du partage du travail entre la main et le cerveau[5]. » Ce que le docteur Wilder Penfield de l'Institut neurologique de Montréal devait démontrer en publiant une carte des aires motrices du cortex cérébral[6]. La main y tenait une place importante.

D'autres chercheurs ont montré que, chez des animaux qui n'ont pas de main, ce sont d'autres régions de leur corps qui y sont le mieux représentées. C'est ainsi que, chez le chien, c'est le nez qui occupe une place prépondérante. Pas étonnant, puisque le lobe olfactif y est très développé et, conséquemment, l'odorat. Chez les humains, le lobe olfactif occupe une toute petite place. L'odorat n'est pas très important pour la survie de l'homme. Il est capital pour la survie du chien. La main est capitale pour la survie de l'homme. C'est son instrument privilégié. Son avenir est entre ses mains.

Teilhard de Chardin a bien montré la différence entre le membre antérieur d'un animal et le bras qui se termine par une main : « M. L. Cuénot [Lucien Cuénot, grand généticien, a été le premier à montrer que les lois de Mendel sur l'hérédité dans les plantes s'appliquaient aussi aux animaux] est le premier, à ma connaissance, à avoir fait clairement cette remarque (fort simple mais profonde) que tout ce que nous appelons phylums zoologiques ne représente pas autre chose que la transformation d'un membre ou de tout le corps en un instrument. La taupe est un instrument de fouille et le cheval un instrument de course, comme le marsouin un instrument de nage et l'oiseau un instrument de vol... Dans tous les cas, l'outil se confond avec le corps, le vivant passe dans son invention. Avec l'Homme, tout change, l'instrument devient extérieur au membre qui l'emploie. Les animaux font de leurs corps des outils. Au contraire, l'Homme est capable de fabriquer des outils sans s'y incarner, il échappe à la servitude de se transformer pour agir. Il peut donc progresser sans changer de forme, varier indéfiniment dans son psychisme sans modifier son type zoologique. Seul entre tous les animaux, l'Homme a la faculté de diversifier son effort sans en devenir définitivement l'esclave. Grâce à sa prodigieuse puissance instrumentale, l'Humanité couvre les continents d'une enveloppe presque continue de constructions, elle modifie les climats et les régimes d'érosion ; elle fait communiquer les mers (Suez, Panama); elle répand à torrents dans la circulation naturelle des substances nouvelles, elle modifie la face de la Terre dans des proportions qui devraient nous avertir que son apparition marque, pour notre planète, les débuts d'une phase nouvelle[7]. »

Plus tard, Teilhard de Chardin soulignait le rapport étroit entre le cerveau et la main : « Si l'être dont l'Homme est issu n'avait pas été bipède, ses mains ne se seraient pas trouvées libres à temps pour décharger les mâchoires de leur fonction préhensile. C'est grâce à la bipédie libérant les mains que le cerveau a pu grossir ; grâce à elle aussi que les yeux se rapprochant sur une face diminuée, ont pu se mettre à converger, et à fixer ce que les mains prenaient, rapprochaient, et en tout sens représentaient : le geste même, extériorisé, de la réflexion[8]. »

Piveteau, quant à lui, rappelle ces mots de Buffon, qui écrivait que c'est sa main qui l'assurait de son existence : « Je me souviens de cet instant plein de joie et de trouble, où je sentis pour la première fois ma singulière existence, je ne savais ce que j'étais, où j'étais, d'où je venais. Je portai la main sur la tête, je touchai mon front et mes yeux, je parcourus mon corps, ma main me parut être alors le principal organe de mon existence. Je conclus que je devais juger des objets extérieurs comme j'avais jugé des parties de mon corps, et qu'il n'y avait que le toucher qui pût m'assurer de leur existence. »

La main humaine est créatrice. Les œuvres humaines témoignent de sa conscience et de son esprit. La main est la projection même de la conscience et de l'esprit. Elle est peut-être la projection de la main d'une divinité. Michel-Ange a représenté Dieu donnant la main à Adam qu'il vient de créer. À Stockholm, Milles a sculpté la création sur bronze par une immense main de dieu d'où surgit un homme debout. Rodin a sculpté la création avec *La main de*

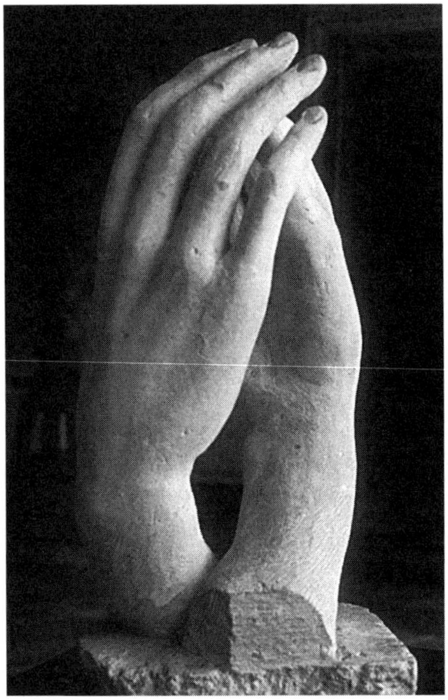

Auguste Rodin
*La cathédrale*
1908

*Dieu pétrissant une motte de glaise*. La main de l'homme est le prolongement de son cerveau, de son esprit. Stradivarius, le luthier de Crémone, a donné son nom au plus prestigieux des violons. Il lui a donné une âme qui était la sienne. Il l'a fait à son image à sa ressemblance. La main est l'exécutrice de l'esprit.

C'est la main de Cézanne qui a peint *La montagne Sainte-Victoire*, la main de Van Goh qui a peint les *Iris*, la main de Pablo Casals qui a fait gémir la contrebasse, la main de Marc-Aurèle Fortin qui a peint les arbres de Sainte-Rose, la main gauche qui exécute le deuxième concerto de piano pour la main gauche de Ravel, les doigts de la main qui font vibrer les cordes de la harpe dans le concerto de Boieldieu. Ce sont les mains anonymes de tant d'êtres humains qui ont fait les arènes, les châteaux, les cathédrales, les temples, lez ziggourats qui couvrent la planète : Chartres et le Mont-Saint-Michel, Westminster et Cologne, Chenonceaux et Blois, le Taj Mahal et le Temple du Ciel, les temples de Louksor et de Karnak, Sainte-Sophie d'Istanbul, les temples de Bangkok, les pyramides d'Égypte, les pyramides et les temples des Mayas, des Aztèques et des Incas et ces nouveaux temples que sont les gratte-ciel, les théâtres et les stades. C'est la main de l'homme qui donne vie au bois, au marbre, au bronze, pour créer la *Vénus* de Milo, le *Moïse* de Michel-Ange, *Le penseur* de Rodin. Dans une sculpture de pierre, *La cathédrale*, Rodin a disposé les mains en forme d'ogive comme dans les cathédrales gothiques. C'est Chartres dans les mains. C'est l'univers dans les mains. On peut penser enfin que la main est responsable de la parole. Après tout, c'est la main qui fait le geste. Et le geste précède souvent la parole.

Il y a vingt mille ans, des artistes ou des chamans ont signé de leurs mains au pochoir des grottes ornées d'animaux. Ils devaient parler, car le geste de la main soutient la parole qui transgresse la matière, révèle l'esprit. Raconter la main de l'Homme c'est raconter l'histoire de ses origines, raconter que par l'évolution il est en continuité avec tout ce qui vit sur la Terre, que par sa singularité il est en discontinuité avec l'Univers. Pour donner la main, il fallait faire le premier pas, ce qu'ont fait les Australopithèques il y a quatre millions d'années. Avec eux, la colonne vertébrale, inventée par les poissons il y a 450 millions d'années est passée de l'horizontale à la verticale. Une discontinuité temporelle énorme. C'est la bipédie. Il y a deux millions d'années, elle a donné la main d'*Homo habilis* taillant des outils de pierre. Voilà l'Homme. La conscience est née. C'est une discontinuité cosmique, surtout si l'Homme est seul dans l'Univers.

Au fronton du palais du Chaillot, à Paris, on lit ces vers de Valéry :

Dans ces murs voués aux merveilles
J'accueille et garde les ouvrages
De la main prodigieuse de l'artiste
Égale et rivale de sa pensée

Le peintre et entomologiste Jacques de Tonnancour m'écrivait dans une lettre personnelle : « Loin d'être rivale de la pensée, la main la précède. »

*Louis-Pierre Bougie, peintre*

Joseph J. Lévy

# La main : un aperçu anthropologique

Faire une anthropologie de la main, de ses fonctions et de sa symbolique exigerait, pour qu'elle soit complète, de parcourir l'ensemble de l'évolution humaine et la diversité des cultures. Sans prétendre à une telle exhaustivité, nous voudrions en proposer ici une sorte d'esquisse. Nous serons ainsi amenés à dégager d'abord les grandes étapes évolutives de la main, puis nous nous pencherons sur la question de la latéralisation et de la dextérité manuelle. Nous en évoquerons ensuite les dimensions communicationnelles et finalement ses fonctions religieuses et esthétiques.

## L'évolution de la main

Signe distinctif de l'homme, la main se présente comme une structure anatomique dont l'architecture et le fonctionnement sont le produit d'une longue évolution que les travaux des paléontologues ont tenté de mettre au jour à travers l'étude des primates et des restes fossiles humains, depuis les Australopithécinés jusqu'aux *Homo sapiens*[1]. Ainsi, schématiquement, la pentadactylie qui, complétée par des griffes chez les Tarsiers primitifs, ne s'accompagne pas encore de la capacité de préhension et ne comporte pas de phalanges opposables deviendra plus complexe et plus efficace chez les espèces plus évoluées. Le pouce, qui atteint avec les Prosimiens sa taille relative la plus grande, présente une pseudo-opposabilité, qui ne sera réelle que chez d'autres grands singes où la grandeur de ce doigt tend à se réduire. Par ailleurs, chez plusieurs espèces de singes, tant jeunes qu'adultes, on trouve des habiletés de préhension précises, se saisir de petits objets par exemple, ce qui dénote une dextérité manuelle significative et l'expression de mouvements relativement indépendants des doigts[2]. La préhension de précision ne serait donc pas un trait spécifiquement humain rattaché à l'usage des outils, comme le suggèrent des hypothèses évolutives.

Si la fonction locomotrice des mains est dominante chez les singes, elle disparaît chez l'homme pour être remplacée par des facultés tactiles. Dans les lignées humaines, les tendances évolutives mettent en évidence la complexification anatomique de la main associée au bipédalisme qui a contribué à la libération des membres supérieurs[3]. La main des Australopithécinés, selon certains paléontologues, présenterait une combinaison d'éléments humains (longueur des doigts et position du pouce éloigné des autres doigts; capacité de tourner le deuxième doigt vers le pouce) et primates (entre autres, l'étendue restreinte de la rotation du pouce et du petit doigt et la courbe des os). Ces caractéristiques suggèrent que les mains servaient surtout à la locomotion, la manipulation des objets étant secondaire. Pour d'autres, par contre, la main des Australopithécinés aurait été complètement humaine, son évolution ne serait pas liée à la fabrication des outils de pierre mais à d'autres habiletés de manipulation[4].

C'est avec *Homo habilis* que les capacités de manipulation, au nombre des caractéristiques humaines associées à la bipédie et à la fabrication des outils de pierre, se seraient développées (mobilité de l'articulation du pouce, os de la main droits). Dans les lignées suivantes, jusqu'à *Homo sapiens*, la main continue de ressembler à celle d'*Homo habilis* avec sans doute un contrôle neurologique du bras et de la main plus accentué. Chez les Néandertaliens, la main se transforme et l'on en arrive à des proportions semblables à celles de la main moderne, au développement des muscles entre le pouce et les autres doigts, à l'os du pouce de même longueur, contrairement à la main moderne où le second os est plus long que le premier, d'où une augmentation de la force de la prise manuelle. Les articulations des mains suggèrent que les mouvements des doigts ont la même ampleur que chez l'homme moderne et obéissent au même contrôle neurologique, mais que les prises obliques sont plus rares. Il faut attendre *Homo sapiens*, il y a cent mille ans, pour que la main telle que nous la connaissons aujourd'hui voie le jour. Elle se caractérise alors par un ensemble de traits anatomiques et gestuels spécifiques liés à la complexité cérébrale: « Le pouce humain [...] s'oppose aisément à la pulpe des autres doigts pour former la pince paucidigitale, instrument de la préhension. Le remarquable développement, dans le cerveau humain, du néencéphale sensitif et moteur, celui du néocerebellum, ont pour corollaire la perfection du sens tactile et du geste, lequel est la synthèse de mouvements multiples, délicats, adaptés. Le couple cerveau-main préside aux relations de l'homme avec le milieu environnant. [...] [L]a structure de la main est dominée par l'abondance de petits éléments osseux articulés entre eux, le développement du système tendineux et synovial, la richesse en vaisseaux et en nerfs, la différenciation sensorielle du revêtement cutané[5]. » La peau de la main présente aussi à ses extrémités des crêtes digitales dont l'étude scientifique menée dès le dix-neuvième siècle, entre autres par Francis Galton, l'un des fondateurs de la génétique, a montré qu'elles étaient propres à chaque personne. Grâce à cette caractéristique, la collecte des empreintes digitales a servi, dans le domaine criminologique, à l'identification de victimes et de criminels. Tous ces éléments convergent pour permettre des activités manuelles complexes et variées, qui se fondent sur une latéralisation manuelle.

La main a donc joué un rôle essentiel dans les processus d'hominisation en intervenant, comme le souligne Piveteau, dans la « genèse de la pensée réfléchie. De celle-ci nous n'avons considéré que les conditions phénoménales qui se traduisent par le jeu corrélatif de la main et du cerveau [...]. L'action conjuguée de la main et du cerveau, en introduisant dans notre univers le pouvoir de réfléchir et de penser, a transformé sur la terre la zone de la vie devenue humaine[6]. »

## *La latéralisation et la dextérité manuelles*

Le rapport à la main dans l'espèce humaine est aussi déterminé par des contraintes neuropsychologiques liées à la latéralisation manuelle qui semble variable chez les primates. À partir d'une même épreuve expérimentale visant à évaluer la latéralisation dans les différentes espèces de singe, il semble qu'il y ait un usage prédominant de la main droite chez les chimpanzés et les gorilles, alors que les orangs-outans seraient gauchers[7]. Pour d'autres espèces, par contre, les résultats seraient contradictoires, les recherches rapportant pour les rhésus et les capucins tantôt une prédominance de la main droite, tantôt de la gauche ou encore une absence de latéralisation. Chez les babouins, on ne trouve pas de dominance manuelle significative pour les tâches unimanuelles, mais il en existe toutetois une de la main droite dans les tâches bimanuelles.

Malgré la découverte d'un squelette de gaucher, celui de l'homme de la Ferrassie, les rares données paléontologiques suggèrent une prédominance de la main droite chez le Sinanthrope tout comme chez l'homme de Neandertal et *Homo sapiens*[8]. Ce phénomène aurait profité de pressions socioculturelles qui, aujourd'hui, ont mené à ce que la très grande majorité des humains, 90%, soient droitiers, avec cependant certaines fluctuations selon les groupes. Dans les sociétés traditionnelles, les études sur la gaucherie relèvent toutefois, à partir d'enquêtes ethnographiques et d'analyses de photos ethnologiques, des variations importantes[9]. Les sociétés paysannes présentent peu de gauchers, tandis que dans les sociétés de chasseurs, comme les Inuit et les Arunta, ils sont plus nombreux autant chez les hommes que chez les femmes[10]. Là encore, la tendance à la conformité aurait eu une incidence sur la prévalence de la gaucherie.

Chez les enfants, la préférence n'est pas marquée dans les premières années et se stabilise vers 6-7 ans où elle semble répondre à la fois à des influences culturelles et à l'expérience du sujet. Une étude longitudinale auprès d'enfants français a mis en relief deux phénomènes : « D'une part, une évolution vers les extrémités pour les enfants à préférence manuelle mixte, qui deviennent droitiers ou gauchers avec l'âge ; d'autre part, une évolution de la gauche vers la droite, les mêmes enfants à manualité mixte étant plus nombreux à devenir droitiers que gauchers[11]. »

Plusieurs facteurs interviendraient dans ce processus de latéralisation, comme les conditions fœtales et postnatales (taux de testostérone, position du fœtus, rang de naissance, âge de la mère, position du nourrisson). Les facteurs génétiques comptent également puisque, malgré les pressions de sélection et les effets néfastes qui lui sont associés[12], la gaucherie s'est conservée : les probabilités d'avoir des enfants gauchers sont plus élevées (30%) chez des parents gauchers. La génétique moléculaire a par ailleurs contribué à circonscrire deux régions chromosomiques impliquées dans le degré de latéralité chez des enfants gauchers. Il est aussi possible, pour expliquer le maintien de la gaucherie, de recourir à l'« hypothèse du combat », selon laquelle les gauchers auraient un avantage dans les combats militaires, en ce qu'ils surprendraient leurs adversaires habitués aux droitiers[13]. Ceux qui partagent ce point de vue font d'ailleurs valoir que le pourcentage de gauchers dans les sports interactifs atteint 32 %, ce qui est nettement supérieur au 11 % dans les sports non interactifs.

En outre, il semble que la spécialisation hémisphérique soit différente chez les droitiers et chez les gauchers. Selon certaines études sur les lésions cérébrales, les gauchers auraient ainsi des troubles cognitifs différents des droitiers ( troubles du langage après lésion dans l'hémisphère droit et problèmes spatiaux pour les lésions dans l'hémisphère gauche ) et une spécialisation hémisphérique plus hétérogène, ce qui se refléterait dans leurs habiletés cognitives moins performantes. Les résultats des recherches ne sont pourtant pas toujours congruents.

Comment expliquer la tendance culturelle dominante à réprimer la gaucherie ? Comme le laissent entrevoir plusieurs indices ethnographiques, la main gauche a été l'objet d'une forte stigmatisation sociale, d'un interdit, contrairement à la droite « dont la prépondérance est obligatoire, imposée par la contrainte, garantie par des sanctions », comme l'affirme Hertz, pour qui l'opposition droite-gauche est le reflet d'un dualisme fondamental qui structure la pensée dans les sociétés traditionnelles. Cette opposition se retrouve marquée dans le langage où le concept de droite « sert à exprimer des idées de force physique et de "dextérité", de "rectitude" intellectuelle et de bon sens, de "droiture" et d'intégrité morale, de bonheur et de beauté, de norme juridique ; tandis que le mot "gauche" évoque la plupart des idées contraires [ ... ] la droite, l'idée de pouvoir sacré, régulier et bienfaisant, principe de toute activité efficace, source de tout ce qui est bon, prospère et légitime ; et c'est, pour la gauche, cette représentation ambiguë du profane et de l'impur, d'un être faible et incapable, mais aussi malfaisant et redouté. La force ( ou la faiblesse ) physique n'est ici qu'un aspect particulier et dérivé d'une qualité beaucoup plus vague et plus profonde [14]. »

À partir d'exemples ethnographiques, Hertz montre comment ces deux concepts structurent les représentations de l'univers, les oppositions hommes-femmes et le langage gestuel. Le rapport au religieux est lui aussi défini par cette opposition, la droite renvoyant au divin, la gauche au démoniaque, à la magie, à la mort. En somme, « d'un bout à l'autre du monde humain, dans les lieux sacrés où le fidèle rencontre son dieu, comme dans les lieux maudits où se nouent les pactes diaboliques, sur le trône comme à la barre du témoin, sur le champ de bataille et dans l'atelier paisible du tisserand, partout une loi immuable règle les attributions des deux mains. Pas plus que le profane ne peut se mêler au sacré, la gauche ne doit empiéter sur la droite. L'activité prépondérante de la mauvaise main ne saurait être qu'illégitime ou exceptionnelle, car c'en serait fait de l'homme et de tout, si le profane pouvait jamais prévaloir sur le sacré et la mort sur la vie. La suprématie de la main droite est à la fois un effet et une condition nécessaires de l'ordre qui régit et conserve la bonne création [15]. »

D'autres travaux ethnographiques ont mis en évidence la présence de ces oppositions entre la main gauche, associée à la féminité, et la main droite, associée à la masculinité. Néanmoins, dans certains cas rapportés par Needham, qui voit dans l'opposition droite-gauche une « opposition logique élémentaire [16] », la main gauche peut avoir une prééminence dans des contextes religieux et politiques. Ainsi, chez les Nyoro de l'Ouganda, bien que son utilisation soit généralement décriée, la main gauche est employée par les devins pour jeter les coquillages divinatoires, de la même façon que chez les Imenti, un sous-groupe des Meru du Kenya, le pouvoir du chef se trouve concentré dans la main gauche, qui est sacrée. Ce recours à la main gauche s'expliquerait dans les deux cas par la violation des tabous que constituent la voyance ou la puissance magique [17]. Il existerait par conséquent un « contraste entre la stabilité du signe droit, qui a toujours les mêmes connotations, et ce que l'on a appelé l'instabilité du signe gauche, qui parfois est funeste et parfois de bon augure ».

Dans l'histoire des idées occidentale, le rapport à la gauche et à la droite renvoie à des références variables et les processus de civilisation vont intervenir pour assurer la prééminence de la main droite [18]. Si les textes médiévaux ne donnent pas de consignes sur l'utilisation des mains, les traités ultérieurs de politesse et de bonnes manières vont inclure des règles de civilité qui contraindront à l'usage de la main droite, expression de la décence. Au dix-neuvième siècle, la normalisation de la main droite dans l'éducation va s'imposer, non sans l'usage d'une discipline de fer, en même temps que l'alphabétisation. On trouve pourtant dans les textes des philosophes des Lumières une critique de la « droiterie » et une forme d'éloge de la gaucherie ou de l'ambidextrie. Cela dit, il faudra attendre la fin des années 1950 pour voir disparaître la répression contre les gauchers à l'école, après une campagne menée par les psychologues, par exemple Vera Kovarsky, qui dépose en 1949 un projet de charte des droits des gauchers. Cette nouvelle attitude a entraîné une augmentation du pourcentage des gauchers, qui est passé en quelques décennies de 4 % à 12 %[19], mais ce mouvement n'est pas universel, la main gauche continuant dans plusieurs pays de culture musulmane d'être associée à la pollution, d'où la dominance de la droite pour les opérations touchant l'alimentation et l'écriture.

Il reste néanmoins que la notion de gauche n'a pas disparu et « l'antique lien entre la gauche, l'inférieur, le féminin, le profane et le funeste n'a pas perdu de son actualité : la main gauche est toujours la main du parjure, de la trahison et de la fraude ; la main droite celle de la légitimité[20] ». Ces conceptions se maintiennent dans les nombreuses expressions langagières qui contiennent des connotations péjoratives associées à la gauche[21].

La question de la latéralisation manuelle apparaît donc comme le produit de plusieurs influences, culturelles, expérientielles et neuropsychologiques, qui interviennent également dans la dextérité manuelle, tant au niveau de la gestuelle ergotique (manipulation des objets) qu'à celui de la gestuelle épistémique (acquisition d'information tactile)[22]. Dans le cas de la gestuelle ergotique, les mains remplissent des fonctions multiples liées aux types d'opérations qu'elles ont à accomplir et qui demandent un apprentissage complexe de mouvements intégrés dans des programmes moteurs. Ces fonctions dépendent du type de société et de son développement économique, de même que de la diversité des spécialisations présentes dans les champs économiques et extra-économiques. L'âge, le sexe et la classe sociale vont ainsi intervenir dans l'acquisition des habiletés manuelles et leur complexité. Les membres des sociétés de chasseurs cueilleurs ou de pêcheurs doivent ainsi acquérir des mouvements des mains et des vitesses d'exécution différents de ceux impliqués dans les opérations manuelles des éleveurs, des horticulteurs, des agriculteurs ou dans les sociétés industrielles, où le travail manuel continue d'être important malgré les progrès dans la robotisation. Le type de préhension, la force utilisée, les mouvements des mains et des doigts, leur position et les habiletés tactiles obéiront donc à des contraintes d'apprentissage qui, de durée variable, permettront aux individus d'atteindre la virtuosité nécessaire à l'accomplissement de la tâche, répétitive ou créative, à travers la manipulation directe des différents matériaux ou par l'intermédiaire d'outils.

Sans entrer ici dans une description fastidieuse de chacun des métiers et des contraintes manuelles qu'ils imposent, nous nous servirons d'un exemple ethnologique pour illustrer la diversité présente dans un même contexte culturel. Dans la société balinaise, on retrouve ainsi un processus élaboré de socialisation des habiletés manuelles qui se fonde sur l'imitation et l'apprentissage kinesthésique (*kinesthetic learning*) déjà rapportés par Bateson et Mead[23]. Les individus apprennent ainsi à utiliser les extrémités des doigts et à acquérir la précision de la prise et la tactilité nécessaires pour la préparation de la nourriture ou évaluer l'état physique des coqs de combat. Même si la main gauche est considérée comme impure, elle reste néanmoins essentielle dans la réalisation de nombreux gestes et sa tactilité sera développée, alors que la main droite sert à prendre et à tenir les objets. La séparation des doigts est aussi accentuée et les gestes de préhension nécessaires aux activités comme la sculpture sur bois, la peinture, la danse et le théâtre mettent en évidence des habiletés culturelles particulières, par exemple l'utilisation du petit doigt comme appui du reste de la main ou les nombreuses postures de

*Mains d'ouvrière d'imprimerie*

mains pour enrouler les fils aux pattes des coqs de combat. Dans la danse balinaise, les fonctions ornementales des gestes des mains demandent le développement d'une flexibilité extrême qui se manifeste par la capacité de courber les doigts en entier ou à la jointure des premières et secondes phalanges. Les poignets présentent aussi une très grande flexibilité, nécessaire pour jouer des instruments de musique comme le gamelan.

Cette socialisation poussée des mains se retrouve aussi ailleurs, comme dans les activités liées à la calligraphie, chinoise ou non, qui exige une spontanéité maîtrisée du tracé, ou les activités créatives, que ce soit la peinture, la sculpture, le mime, le sport, la danse ou la prestidigitation. Dans l'histoire de la musique, l'itinéraire du pianiste Robert Schumann constitue un exemple extrême des efforts pour maîtriser le doigté musical à travers la répétition des gammes, le positionnement des doigts, du reste de la main et du poignet, l'utilisation d'un appareil pour bloquer le mouvement de l'index de la main droite et permettre ainsi une plus grande amplitude du majeur. Ces exercices entraîneront une paralysie de l'un de ses doigts et la fin de sa carrière de pianiste. L'hypervirtuosité du violoniste Niccolò Paganini, qui était capable de jouer douze notes à la seconde, est aussi restée dans les annales de la musique comme exemple d'un talent exceptionnel dans le doigté et la technique. Des médecins ont attribué au syndrome de Marfan ou à celui de Ehlers-Danlos, qui interviennent sur les tissus conjonctifs, la longueur des doigts, la flexibilité des articulations et les habiletés manuelles de Paganini.

L'acuité tactile, qui mesure la plus petite distance où deux contacts sont sentis comme séparés, est de 3 à 8 millimètres à la pulpe des doigts, d'où son extrême finesse[24]. Ce sont sur les mains, en particulier la pulpe des doigts et la paume de la main, que la densité des points de tact est la plus forte (100 à 200 par centimètre carré). Dans plusieurs métiers, la tactilité revêt une importance majeure et nécessite un long apprentissage, comme c'est le cas, par exemple, dans le champ de la santé. La palpation des zones corporelles et des organes, en médecine ou en chirurgie, de même que les techniques de traitement, en particulier dans les médecines douces (massages, chia-tsu, etc.), demandent des habiletés haptiques étendues que l'on ne peut acquérir qu'avec le temps. Ces habiletés sont particulièrement développées chez ceux qui souffrent de handicaps visuels et elles permettent, avec l'ouïe, de pallier ces déficiences en donnant accès à des informations précieuses. Le développement du braille qui permet la lecture d'une information écrite à l'aide de caractères sous la forme de points en relief a constitué une avancée dans l'insertion sociale des personnes souffrant de cécité, bien qu'il nécessite un long apprentissage.

## *La main et la communication*

Les mains, à travers la gestuelle, sont également impliquées dans la communication interpersonnelle lorsqu'ils servent de support à l'échange linguistique, symbolique et paralinguistique. Plusieurs soutiennent d'ailleurs que le langage humain prend son origine dans la gestuelle, qui serait déjà présente dans la communication chez les primates dont certains gestes exprimeraient donc une intention et comporteraient une dimension référentielle[25]. C'est le cas, par exemple, des demandes de nourriture chez les chimpanzés captifs, qui pointent la main droite vers ce qu'ils désirent manger tout en vocalisant[26]. Les chimpanzés peuvent encore agiter la main pour attirer l'attention d'un autre singe dans une certaine direction ou effectuer un mouvement qui consiste, pour deux congénères qui s'adonnent à un toilettage mutuel, à étendre un bras au-dessus de la tête et à se serrer la main (*grooming hand-clasp*)[27]. Pour menacer un des leurs, les singes hurleurs noirs de Belize font une gestuelle où deux congénères se tiennent par la main, et les babouins frottent rapidement leur main contre le sol[28]. Leur répertoire inclut des gestes comme le salut, la quémande et le pointage[29].

Selon d'autres chercheurs les modes de communication visuo-gestuels des primates ne comprennent pas les composantes référentielles et symboliques propres au langage humain. Leurs gestes auraient plutôt une fonction essentiellement régulatrice de relations sociales; ils ne serviraient pas à partager une information et ne sembleraient pas toujours obéir à un apprentissage social[30]. Pourtant des expérimentations sur le langage chez les singes concluent qu'ils sont capables d'acquérir un vocabulaire important exprimé par le langage des signes mémorisé par imitation ou apprentissage[31]. Washoe, une chimpanzé, était ainsi capable de transférer un référent d'un contexte à l'autre et de combiner les signes entre eux pour créer de nouvelles phrases, non incluses dans le répertoire de départ. Loulis, un petit chimpanzé adopté par Washoe, quant à lui, a acquis un répertoire de plus de cinquante mots en observant les autres singes autour de lui. Par contre, l'expérience menée avec Nim, un autre chimpanzé élevé comme un enfant et à qui on a appris le langage des signes, n'a montré qu'une dimension pratique dans l'expression gestuelle et une incapacité à générer des significations ou des idées. Enfin, Koko, une gorille, a appris plus de mille signes basés sur le langage des signes américain et serait capable de communiquer par signe et d'inventer de nouvelles combinaisons. Cet ensemble de recherches laisse cependant ouverte la question de savoir s'il y a vraiment acquisition du langage ou expression de gestes par conditionnement, sans compréhension réelle de la signification des signes et sans atteindre la complexité du langage humain.

La gestuelle est partie intégrante de l'héritage linguistique humain et continue de jouer un rôle important dans le champ culturel. On ne s'étonnera pas de cette fonction paralinguistique essentielle si on se rappelle que la parole s'accompagne de mouvements des bras et des mains. Dans ce répertoire de gestes qui ont des propriétés globales et synthétiques, McNeill distingue les gestes iconiques, qui ont une relation étroite avec le contenu sémantique du discours — l'acte gestuel reprenant celui émis dans le discours —, les gestes métaphoriques, qui représentent l'image d'une abstraction, les gestes de mesure (*beats*), où le mouvement de la main épouse le rythme du discours, les gestes cohésifs, qui servent « à joindre ensemble des parties thématiquement liées mais temporellement séparées du discours[32] », les gestes déictiques, qui ont pour fonction d'indiquer des objets ou des événements mais peuvent aussi renvoyer à des réalités abstraites.

À côté de ces gestes spontanés et idiosyncrasiques, on retrouve aussi des langues signées dont la structure est plus systématique[33]. Elles comprennent les langues signées primaires comme celles utilisées par les sourds. Très nombreuses, elles présentent plusieurs variantes nationales ou régionales (LSF ou langue des signes française, ASL ou *american sign language*, LSQ ou langue des signes québécoise), mais il existe aussi un langage de signes international, le *gestuno*. Ces systèmes de signes syntaxiquement et lexicalement complexes sont enseignés et emploient plusieurs modalités d'expression (forme de la main, mouvement, position, orientation de la paume, mouvements mimés et expressions faciales) souvent en combinaison. Les mouvements de la main peuvent renvoyer à des signes iconiques ou à un alphabet dactylologique, chaque position des doigts représentant une lettre pour épeler les noms ou les mots nouveaux. Le langage signé peut même s'élaborer de façon spontanée, comme cela a été le cas parmi un groupe d'enfants sourds dans les années 1970-1980 au Nicaragua[34]. Ce langage s'est construit à partir de systèmes de signes utilisés par les familles pour donner naissance à une forme linguistique indépendante apparentée au pidgin, puis au créole et complétée par le ASL sur le plan de l'alphabet manuel. Les plus jeunes se sont réappropriés ce système et en ont complexifié la grammaire et la conjugaison pour donner naissance au ISN (*idioma de señas de Nicaragua*). En réalité, ce que ces langues signées dont la complexité rivalise avec les langues parlées démontrent c'est la centralité des compétences linguistiques dans l'espèce humaine.

À ces langages signés primaires viennent s'ajouter les langages signés spécialisés qui sont mis au point par des locuteurs sans handicap et employés pour des motifs spéciaux comme les rituels ou d'autres circonstances particulières. On les retrouve dans plusieurs sociétés, comme celle des Indiens des Plaines où ce système servait de *lingua franca* dans la communication entre tribus aux langues différentes, et comprenait des centaines de signes, employés seuls ou en combinaison, de même qu'une syntaxe en partie indépendante des langues environnantes[35]. Dans les tribus australiennes, comme les Warpiri, le langage signé est utilisé lors des rituels de deuil par les femmes pendant des périodes pouvant durer deux ans[36]. Présentant des variations importantes dans le système de signes selon les tribus, les langages signés spécialisés constituent une traduction manuelle fidèle du discours oral, même si certains marqueurs grammaticaux sont absents.

Il y a également, dans cette catégorie, les langues signées monastiques qui, employées pendant les périodes de silence, constituent une traduction manuelle des mots parlés avec une syntaxe dérivée de la langue des moines[37]. D'autres systèmes de gestes se retrouvent dans les différentes professions pour dépasser les limites du langage parlé comme la distance (arbitres, marins), le bruit (ouvriers d'usine et travailleurs des aéroports), pour transmettre une information secrètement (athlètes, criminels, soldats) ou dans le cas où règne le silence (chefs d'orchestre, plongeurs).

Il existe par ailleurs en art des gestes manuels qui ont une fonction symbolique ou pantomimique. C'est le cas dans le *bharata natyam*, la danse indienne classique, avec les *hastas-mudras*. Ce sont des gestes manuels qui ont une fonction d'ornementation ou servent à mimer les éléments de l'argument de la danse en faisant appel à la position des mains, des doigts et des bras. Ils peuvent être monosémiques ou polysémiques, unimanuels ou bimanuels, rendant ainsi possible l'expression d'un grand registre de référents symboliques, d'objets ou d'idées.

Les mains entrent aussi en jeu dans de nombreux gestes symboliques qui ont une signification dans un contexte culturel donné. La liste de ces gestes symboliques, en particulier les emblèmes, est très longue. Ils peuvent utiliser le tout de la main ou des positions de doigts particulières, remplacer des expressions orales et renvoyer à des connotations positives ou plus dérogatoires[38]. Ainsi, dans plusieurs cultures, le pouce dressé est associé à l'approbation, mais placé dans la position de la « figue » — passé entre l'index et le majeur avec le poing fermé —, c'est un geste obscène, rapporté depuis l'Antiquité, dont les significations sont multiples (copulation, sexe féminin en état d'excitation, symbole du sexe masculin). Le pouce est aussi utilisé comme signe de moquerie dans le pied de nez ou quand celui de chaque main est placé près des oreilles et les autres doigts sont agités. L'index sert le plus souvent de signe déictique, pour pointer donc un objet ou une direction, mais cette fonction n'est pas universelle et dans plusieurs cultures elle est interdite. Pointé, il est geste de menace ; levé, il signale l'intention de prendre la parole. Au Japon, les deux index dressés et placés près de la tête représentent des cornes et, symboliquement, le cocuage ou la femme jalouse. Le majeur dressé ou placé perpendiculairement à la paume est associé à l'obscénité et constitue une insulte dans plusieurs sociétés latines, d'Afrique du Nord ou de la Méditerranée orientale. L'annulaire a une fonction symbolique moins importante, bien qu'il représente le Christ. Quant au geste où l'auriculaire et l'index sont dressés, les autres doigts repliés, il a deux significations : orienté horizontalement, il sert à se protéger du mauvais œil ; à la verticale, il représente des cornes et signifie le cocuage.

Par ailleurs, le bras droit dressé avec le poing fermé et la main gauche placée sur le bras, où le coude renvoie au « bras d'honneur », est un geste d'insulte obscène dans plusieurs sociétés. La main ouverte intervient, elle, dans les gestes de salut ou de séparation et le contact entre les paumes sert à l'applaudissement et dans les signes d'affiliation tels que les poignées de mains. Le baise-main constitue, selon les contextes culturels, un signe de respect ou de courtoisie envers les femmes, les autorités parentales, pédagogiques, religieuses et politiques. Les mains sont aussi utilisées

dans les systèmes de comptage (doigts dressés ou pliés, phalanges complétées par les doigts de pieds, etc.), dans les gestes politiques (index et majeur en V de la victoire, salut hitlérien, poing dressé dans les partis communistes, pour prêter serment. La langue a enfin retenu de nombreuses expressions qui traduisent la polysémie de la main.

## *Les mains et le religieux*

L'usage des mains, comme nous l'avons vu, obéit à des injonctions religieuses et sociales qui se prolongent dans les pratiques visant à assurer la pureté des mains à travers les ablutions rituelles qui entourent la préparation à la prière ou la consommation de la nourriture rituelle ou quotidienne. Les codes religieux, comme le Coran, contiennent également des prescriptions concernant les sanctions contre des crimes, l'amputation des doigts de la main droite ou de la main tout entière pour vol en est une.

L'ordalie, ou jugement de Dieu, rapportée dans plusieurs cultures et à plusieurs époques, comme au Moyen Âge, consiste en des épreuves physiques visant à s'assurer, lors de l'enquête judiciaire, de la culpabilité ou de l'innocence des individus en faisant intervenir la justice divine. Ces épreuves font souvent appel à des pratiques qui consistent, par exemple, à prendre une barre de fer chauffée à blanc, placer une main dans un gant de fer chauffé ou la plonger dans l'huile ou l'eau bouillantes pour y retirer un objet. Quelques jours après, on enlève les pansements, et si la main est exempte de brûlures, le suspect est considéré comme innocent, Dieu étant manifestement intervenu en sa faveur. Depuis longtemps disparues, ces pratiques juridiques se sont transmises jusqu'à nous à travers des expressions langagières comme « mettre sa main au feu ».

Les façons de prêter serment mettent aussi en relief l'importance du référent religieux. Ainsi, dans la tradition juive, le serment se fait en plaçant la main sur un objet religieux. Cette pratique, qui s'est maintenue du haut Moyen Âge jusqu'à la moitié du dix-neuvième siècle en France, a été reprise dans les procès opposants Juifs et chrétiens sous la forme du serment *more judaico* (selon la coutume juive), la loi stipulant que le serment habituel ne pouvait convenir au plaignant juif. Celui-ci devait, dans la préparation au serment, ceindre sa tête d'une couronne d'épines, poser une main sur un rouleau de la Torah et, lors de la prestation, il devait attirer sur lui en cas de parjure des malédictions bibliques telles que la lèpre ou celle des enfants de Koré, qui furent engloutis dans la terre, leur père s'étant soulevé contre Moïse. Le serment sur les Évangiles constitue aussi une pratique très ancienne qu'on retrouve lors de l'entrée en fonction de parlementaires, ministres ou chefs d'État, de même que dans les témoignages en cour. Cette coutume semble être aujourd'hui remise en question par les instances de justice européenne qui considèrent qu'«[i]mposer le serment sur les Évangiles équivaut à l'obligation pour deux élus du peuple de faire allégeance à une religion donnée, ce qui n'est pas compatible avec l'article 9 de la Convention européenne de sauvegarde des droits de l'homme et des libertés fondamentales».

En outre, de nombreux gestes manuels figurent dans l'expression religieuse. Par exemple, les *mudras* de la tradition bouddhique font appel à des positions particulières des mains et des doigts qui symbolisent des valeurs religieuses ou des éléments du cosmos[39]. Dans la tradition biblique, la main droite évoque l'image de la puissance divine et apparaît dans plusieurs passages bibliques mais aussi dans des textes ultérieurs comme celui qui sert au rituel de Pâque commémorant la sortie d'Égypte des Hébreux aidés par la « main puissante de l'Éternel », les plaies d'Égypte étant provoquées par ses doigts. L'imposition des mains sert de support à la bénédiction ou aux offrandes au temple par les prêtres (*Cohen*). Elle est pratiquée aujourd'hui lors des offices religieux dans les synagogues où les *Cohen* recouverts du châle de prière prononcent, après une ablution des mains, une bénédiction en l'accompagnant d'un mouvement de bras dressés et des mains avec l'index et le majeur séparés des autres doigts.

L'imposition des mains est également présente dans les traditions chrétiennes. Dans les Évangiles, Jésus y a recours pour soigner les malades et les apôtres transmettent ainsi le Saint-Esprit. Ces traditions se sont prolongées dans le christianisme ultérieur, entre autres dans l'ordination des prêtres et des autres fonctionnaires des Églises. Les religions pentecôtistes continuent cette pratique pour la guérison des malades. Dans la tradition musulmane, la *baraka*, une énergie spirituelle, est transmise par le maître à ses disciples par imposition des mains. Les gestes de prières ( paumes ouvertes ou mains jointes ), les signes de croix, l'égrenage du chapelet constituent des composantes importantes de l'expression du rapport au divin. Dans la méditation, les mains peuvent jouer un rôle de canalisateur des énergies corporelles. La lecture de l'Évangile est précédée du signe de croix effectué par le prêtre avec le pouce sur le livre, puis sur les différentes parties du corps ( front, lèvres, cœur ), un geste répété par l'assemblée comme expression de la volonté de s'ouvrir au message chrétien, de le proclamer et de l'accueillir. L'apparition des stigmates aux mains ou sur d'autres parties du corps chez des saints comme le Padre Pio ou saint François d'Assise fait aussi partie des expériences spirituelles qui réitèrent la passion de Jésus-Christ.

La fonction des mains est aussi importante dans les rituels entourant le cycle de vie. Ainsi, dans certaines sociétés traditionnelles, les rituels de défloration sont effectués par l'intromission des doigts dans le vagin, et la mutilation des doigts ( auriculaire, annulaire ou index selon les sociétés ) est accomplie dans les rituels de passage des jeunes hommes et des femmes[40]. Dans le christianisme, que ce soit le baptême, le mariage (« demander la main » par l'échange des anneaux placés à l'annulaire ) ou la mort ( disposition des mains du cadavre ), la symbolique de la main reste présente. Dans plusieurs cultures, les amulettes de protection ou porte-bonheur, fabriqués en métal ou en céramique de couleur par des artisans, empruntent le motif de la main. C'est le cas dans les populations musulmanes et juives avec la *hamsa* ou *hamesh* qui renvoie à la pentadactylie. Le motif de la « figue » est aussi porté en amulette protectrice sous la forme de petites sculptures de bois ou utilisé en grand format dans les cultes afro-brésiliens.

La chiromancie, une technique de divination très ancienne que l'on retrouve dans plusieurs régions du monde ( Chine, Inde, Europe ) fait à son tour appel à l'interprétation des formes de la main, de ses courbes et de ses galbes, des doigts et des ongles, ainsi que des différentes lignes qui la marquent ( ligne de tête, ligne de cœur, ligne de vie, ligne de chance ). Cette forme de divination associée à l'occultisme a donné lieu à de nombreux traités visant à interpréter chacune des configurations de la main et à leur donner un sens. Dans sa forme moderne, l'étude de la main a conduit au développement de la chirologie ou la morphochirologie qui permettrait de cerner le profil psychologique et l'avenir des consultants[41].

## *L'esthétique de la main*

Les mains, comme d'autres parties du corps, font par ailleurs l'objet de soins de beauté multiples. Aussi, dans plusieurs sociétés ( Moyen-Orient, Asie, Afrique ) et dans les groupes d'immigrants de ces régions, les mains féminines en particulier sont décorées de motifs ( arabesques, spirales, fleurs, etc.) qui peuvent recouvrir toute la surface de la main ou des parties seulement. On utilise à cette fin le colorant orange obtenu à partir de la plante du henné. À part les fonctions esthétiques, ces pratiques, qui sont associées aux rites de passage ( mariage, naissance, post-partum, circoncision ), servent de protection contre les mauvais esprits à des moments dangereux du cycle de vie[42]. Contrairement aux tatouages des mains que l'on rencontre par exemple aux îles Marquises, à Tahiti et aux îles indonésiennes, les motifs du henné s'effacent avec le temps et doivent être répétés.

Mais les mains peuvent être également décorées d'objets ( bracelets et bagues de métal sertis ou non de pierres précieuses ) fabriqués par les artisans locaux ou les bijoutiers. Les bagues, qui apparaissent dès la préhistoire et dans toutes les cultures, n'ont pas qu'une fonction d'ornementation. Elles indiquent, comme on le disait plus haut, l'état civil avec la bague de fiançailles ou l'anneau de

*Mains maquillées*

mariage (d'où le nom d'alliance donné à ce type de bague), le plus souvent en métaux nobles et avec des chatons sertis de pierres précieuses comme le diamant. Elles jouent aussi un rôle dans l'étalage de la richesse et du statut social, comme signe du pouvoir et indication d'une fonction, tels les anneaux portés par les souverains, les papes et autres autorités religieuses. De la même façon, les marques sur les chatons de bagues peuvent signifier l'appartenance à un corps professionnel ou à la fréquentation d'une institution académique ou d'une école de métier.

L'aspect esthétique de la main peut encore être rehaussé par les soins de manucure, l'emploi de crèmes et lotions, le traitement des ongles qui révèlent un statut social ou professionnel supérieur. Les vernis à ongles sont très répandus et toutes les grandes marques de cosmétiques en fabriquent. La longueur des ongles présente aussi des variations considérables selon les cultures et le sexe. C'est le cas, par exemple, des danseuses balinaises qui prolongent leurs doigts de fourreaux métalliques pour en accentuer la longueur ; les hommes balinais ont tendance à laisser pousser leurs ongles de plusieurs centimètres. Selon les modes contemporaines, les ongles peuvent constituer de véritables œuvres d'art. Ils deviennent le lieu de compositions symboliques, abstraites ou figuratives aux multiples couleurs, paillettes et autres ornements, ce qui donne lieu à des concours professionnels ou amateurs dans ce domaine. Les ongles acryliques, qui se collent aux ongles naturels, permettent aussi d'augmenter la panoplie des possibilités esthétiques, les soins se conjuguant aux formes picturales les plus variées pour faire de la main un support artistique important.

L'embellissement des mains passe enfin par l'art très ancien de la ganterie qui, dépassant la fonction utilitaire de la protection contre le froid, les microbes, les blessures professionnelles ou guerrières (gantelets métalliques avec motifs filigranés ou autres), exprime la créativité du travail des artisans sur des matériaux divers (cuir, soie, velours, broderies, ornements en or, perles ou pierres précieuses) dont la fonction est de révéler le statut social et la richesse.

## *La main dans les arts picturaux et la sculpture*

Il semble que, dès son apparition, l'*Homo sapiens* ait fait des représentations picturales de sa main comme celles que l'on retrouve dans les sites du paléolithique supérieur[43]. Les dessins pariétaux de diverses grottes, notamment dans la région rhônale en France (Gargas, Font de Gaume, Pech-Merle), en Espagne (Castillo), aux États-Unis (Texas, Californie, Arizona), mettent en évidence le motif de la main, sous une forme positive (empreinte de la main couverte de pigment rouge ou noir sur la paroi) ou négative (technique du pochoir reproduisant la main ouverte sur la paroi), de manière isolée ou en groupe, et aussi des tracés de doigts.

Il y a autant de mains droites que de mains gauche, d'hommes, de femmes et d'enfants, certaines aux doigts coupés ou déformés. Des études récentes, menées à partir de l'indice de Manning[44], que l'on a appliqué aux dessins de mains sur une paroi d'une grotte d'Indonésie, Gua Masri II, montrent qu'elles ont été apposées par des hommes et des femmes et se situaient dans des zones pariétales séparées, ce qui rejoint les constatations de Leroi-Gourhan selon lesquelles la répartition statistique des mains dans les grottes obéit à un certain ordre[45]. Ainsi, les mains, seules en en groupe, qui sont associées à des tirets ou des points, sont situées près des compositions centrales ou de leurs principales figures et seraient liées au sexe féminin. Dans le cas de la grotte de Gargas, Leroi-Gourhan avance l'hypothèse « d'une homologie possible de distribution des mains et des animaux. En d'autres termes, les mains pourraient avoir été l'équivalent d'animaux ou de signes, le jeu des doigts assurant l'expression de différents thèmes[46]. »

En revanche, les fonctions symboliques de ces représentations de mains ne sont pas claires. Elles auraient pu servir à des fins magiques ( assurer la réussite de la chasse, exprimer la puissance, etc.) ou à des rituels thérapeutiques ou d'initiation. Quant aux mutilations des doigts, certains soutiennent qu'elles pourraient résulter de rituels de deuil ou de rites de passage que l'on retrouve dans plusieurs sociétés, mais cette perspective est remise en question par plusieurs préhistoriens à cause de la diversité des représentations qui ne semblent pas refléter une ritualité systématique[47]. D'autres hypothèses suggèrent que ces caractéristiques seraient liées à une polyarthrite chronique évolutive ou des problèmes vasculaires qui pourraient avoir entraîné la perte de phalanges. Selon d'autres encore, ces mutilations seraient absentes et les dessins représenteraient plutôt des mains aux doigts repliés.

Les interprétations de Raphael concernant l'art paléolithique présentent d'intéressantes hypothèses sur les dimensions esthétiques liées à la main. S'interrogeant sur les proportions utilisées dans les dessins pariétaux, il montre que l'on y retrouve des types récurrents et en particulier les rapports 2/3 et 3/5 connus sous le nom de section dorée ou nombre d'or. Cette proportion serait liée aux proportions de la main comme il en fait la démonstration : « Nous en avons littéralement la preuve en main. Il suffit d'étendre les doigts de telle manière que deux d'entre eux soient séparés des trois autres pour obtenir la proportion 2/3 = 3/5. [...] [Il] ne peut y avoir de doute sur le fait que la section dorée — la plus fréquente avec la proportion 1/2 — se soit développée à partir de la main, et ceci n'est que le premier exemple concret de la dérivation d'une signification esthétique de la main à partir de sa signification magique. Les deux explications de la section dorée fondées d'une part sur les proportions de la main considérée globalement et d'autre part sur une position particulière des doigts, diffèrent en ce que la première ne nécessite qu'une unique mesure ( la main ) alors que la seconde utilise également une unité de mesure ( le doigt ) comme base arithmétique. [...] Bien que ce système de proportions ait pu avoir été imposé à l'art par la magie, c'est en acceptant cette contrainte que l'artiste en fit un facteur de libération[48]. »

Le motif de la main s'est prolongé dans l'expression artistique ultérieure depuis les formes les plus populaires comme les graffitis jusqu'aux œuvres contemporaines[49]. Ce thème est traité tant par les arts des cultures amérindiennes et africaines que par ceux des grandes civilisations de l'antiquité, méditerranéennes ou précolombiennes, que ce soit à travers la statuaire, les bas-reliefs ou les sarcophages. La statuaire indienne et bouddhique fait une large place aux *mudras*. Dans l'art bogomile, issu d'une secte manichéenne et présent dans les nécropoles de la région des Balkans ( Dalmatie, Bosnie, Herzégovine ), la main levée constitue l'un des motifs centraux. Présentée de façon disproportionnée, elle est interprétée par certains comme l'expression d'un « appel adressé à des dieux lointains » ou un « geste de communication avec des forces mythiques » ou un « geste de la divinité elle-même[50] », alors que d'autres historiens y voient une remise en question du pouvoir dominant.

Au Moyen Âge, l'art de la reliquaire fait souvent appel au motif de la main aussi repris dans les sculptures et les peintures. Dans l'art de la Renaissance, le geste de la main s'inscrit en premier lieu dans le champ religieux pour ensuite se diffuser dans la sphère profane[51]. Les gestes de prière sont ainsi souvent représentés dans la peinture occidentale, comme le fameux dessin de Dürer ou la peinture de Hans Memling, et l'index occupe une place significative, renvoyant soit à l'injonction du silence lorsqu'il est placé sur les lèvres ou au geste de la désignation autour duquel s'organise souvent la composition du tableau. La main et les doigts figurent également dans les dessins de Léonard de Vinci, dans la peinture de Michel-Ange, *La création d'Adam*, où les doigts de l'homme et de Dieu se touchent, dans le tableau du Greco, *Le chevalier avec la main sur la poitrine*. Rembrandt a aussi peint une toile représentant le jeu de la « main chaude », un thème repris par

Albrecht Dürer
*Mains en prière*
1508

plusieurs peintres (Hieronymus Janssens, Lépold Franz Kowalski, Jean-Baptiste Greuse, Louis Vivin).

La main est très présente dans la statuaire, comme le montre le *David* de Michel-Ange qui met en relief la puissance de la main ou dans la statue de Laurent de Médicis. Rodin lui a aussi consacré de nombreuses œuvres (*Mains d'amants*, *La main de Dieu*, *Main sortant de la tombe*, *La cathédrale*) mettant en évidence les variations dans l'expression des positions et des émotions, un intérêt qui s'est poursuivi au vingtième siècle dans les œuvres de Giacometti ou dans les statues monumentales érigées dans plusieurs lieux publics de grandes villes américaines et européennes, et dont la plus célèbre est sans doute *La statue de la liberté* à New York.

La photo n'est pas en reste à cet égard et, comme les autres arts picturaux, elle s'est intéressée aux mains. *Speaking With Hands*, une exposition de photos de la collection Buhl, que le musée Guggenheim a organisé en 2004, met en évidence les multiples fonctions de la main dans la culture contemporaine à travers le travail de photographes comme Stieglitz, Grigely, Man Ray, qui ont pu la saisir et la représenter. Ces œuvres proposent une diversité de points de vue, insistant tantôt sur la fonction métonymique de la main comme expression de la personne, tantôt se situant dans une perspective abstraite ou expérimentale influencée par les mouvements modernes comme le surréalisme ou le Bauhaus, ou par l'art conceptuel. Il resterait, pour compléter ce parcours, à analyser la place de la main dans les films, ce qui pourrait une fois de plus révéler certaines variations temporelles et culturelles dans le rapport à la main. Mais on peut déjà affirmer que le thème occupe une place importante puisque le terme « main » apparaît dans près de cinq cents titres de films.

Ce tour d'horizon sur la place de la main dans la culture humaine aura permis de rappeler sa fonction centrale dans les différentes sphères de l'action et des représentations. Comme le souligne Yves Coppens, « extraordinaire outil [...] de l'écriture comme de la parole, la main est sans aucun doute l'organe qui a participé le plus à faire de l'homme un drôle de petit mammifère doté de dignité[52] »

David Le Breton

# Tours et détours de main : une esquisse

*Homme de la pluie et enfant du beau temps,*
*vos mains de défaite et de progrès me sont également nécessaires*
René Char
*Fureur et mystère*

Si le toucher s'étend sur toute la surface du corps, la peau est plus souvent passive, plus touchée que touchante, à l'inverse de la main dont la vocation, outre la prise, est justement d'aller à la rencontre des corps ou des choses, par-delà toute séparation, pour permettre une évaluation tactile [1]. Aristote le premier voit dans la main un outil enraciné dans la chair de l'homme et susceptible de lui rendre le monde plus hospitalier. « En effet, l'être le plus intelligent est celui qui est capable de bien utiliser le plus grand nombre d'outils : or, la main semble bien être, non pas un outil, mais plusieurs [...]. C'est donc à l'être capable d'acquérir le plus grand nombre de techniques que la nature a donné l'outil de loin le plus utile, la main. » Si les animaux n'ont qu'un seul moyen de défense, poursuit Aristote, l'homme, au contraire, en possède de nombreux, « et il lui est toujours loisible d'en changer et même d'avoir l'arme qu'il veut et quand il le veut. Car la main devient griffe, serre, corne, ou lance ou épée, ou toute autre arme ou outil. Elle peut être tout cela parce qu'elle est capable de saisir et de tenir[2]. » La main ne sent pas seulement une empreinte de l'objet, elle en perçoit aussi la chaleur, le volume, le poids et le contact, elle éprouve le plaisir ou la douleur.

Allant au devant de l'objet, la main émancipe le toucher du reste de la peau. Organe par excellence de la préhension et du toucher, elle explore, palpe, caresse. Elle ne prend sa force que par les mouvements et la sensibilité qui l'animent. Paralysée ou agnosique, elle perd ses qualités, elle touche mais n'est plus touchée. L'échange est rompu. Pour Aristote, « il est impossible qu'existe une main faite de n'importe quoi, par exemple en bronze ou en bois, sinon par une homonymie comparable à celle d'un dessin représentant un médecin. Car cette main ne pourra pas remplir son rôle, non plus que des flûtes de pierre ou le médecin dessiné ne rempliraient le leur[3]. »

La mobilité du bras, de l'avant-bras, du poignet et des doigts confère à la main une formidable ouverture motrice et tactile. L'articulation des doigts en plusieurs phalanges, et la capacité du pouce à s'opposer à chaque doigt lui donnent une possibilité de prises multiples depuis celle, en force, où elle se referme sur l'objet à la manière d'un crampon, à celle où la précision et la finesse l'emportent. La structure ostéo-musculaire favorise la motricité, la mobilité, la souplesse, la puissance, l'habileté pour des tâches innombrables impliquant la précision ou la force. Dans les techniques du corps, chez tout artisan par exemple, la main, avec l'affinement que lui procurent l'œil et l'intelligence pratique, est une pièce maîtresse par ses possibilités d'apprentissage, de métamorphose, d'adaptation aux circonstances.

Le toucher requiert une éducation pour ne pas rester gourd ou insuffisant. L'enfant apprend à diriger et à coordonner les mouvements des muscles de ses mains, il affine ses palpations, apprend à reconnaître des consistances ou des résistances, à ne pas rompre les objets ou meurtrir ses compagnons de jeu ou se faire mal lui-même. Certains métiers exigent une formidable compétence de la main. Le toucher est une intelligence en acte, plus ou moins aiguisée. Un enfant aveugle qui n'apprend pas à toucher, reste à l'écart du monde dans la nécessité d'être assisté par les autres. Il est encombré de ses mains, non par un manque biologique mais par un défaut d'éducation[4].

Le contact physique de la main sur le crayon et le papier, du coude sur le bois ou de l'avant-bras sur l'arête de la table implique une certaine inertie de la peau, un abandon du corps à son espace proche. Il existe un toucher passif, en permanence sollicité par le fait de sentir en différents points du corps la pression des choses. Mais le toucher est un sens actif si la main se porte de manière délibérée et exploratoire vers le monde, épouse une forme, enserre un volume, en apprécie la consistance, la texture, le degré de chaleur, la solidité, etc. Cette activité soustrait le toucher à la passivité. Elle est une entreprise délibérée de la main qui palpe, évalue, soupèse, secoue, gratte, frotte, déplace, presse, etc. Certes, on touche aussi avec son pied, ses lèvres, sa langue, mais avec une moindre marge d'appréciation. À moins d'une infirmité privant l'homme de ses mains, le toucher implique une mise en œuvre de la paume et des doigts[5]. « Le creux de la main est une prodigieuse forêt musculaire. La moindre espérance la fait frissonner[6]. »

L'infinie plasticité de la main confère à l'homme la possibilité d'œuvrer dans la multitude des arts et des industries qui sont fondamentalement manuels. Marin, pêcheur, menuisier, potier, forgeron, scribe, musicien, écrivain, etc., les techniques manuelles sont nécessaires comme elles le sont aujourd'hui dans l'informatique ou la conduite d'une

*Lecture de braille*

automobile ou d'une bicyclette. En s'appuyant sur les ressources proprement humaines de créer du sens et de la valeur, la main a étendu la souveraineté de l'homme sur la nature en en faisant un inlassable fabricant d'outil, un *homo faber*. Que l'intelligence et la main aient partie liée, l'inconscient de la langue le rappelle à sa manière en leur attribuant sans doute la même racine indo-européenne « m. n. » (*mens* : « intelligence », *man* : « homme », dans les langues nordiques). Pour maints philologues, *manus*, en latin, en est issue.

L'humanité naît de la main et de ses usages innombrables. « Instrument des instruments » (Aristote), « organe du possible » (P. Valéry), elle a façonné des outils, des machines toujours plus perfectionnées, elle est à l'origine de toutes les techniques. Quand l'habileté de la main est acquise, chez l'homme du commun comme chez l'artisan, elle développe une compétence même pour des actions accomplies pour la première fois. Guidée par l'intelligence pratique de l'acteur, elle semble posséder un « tour de main » qui la rend partenaire de l'homme dans sa tâche et non plus seulement exécutante.

## Toucher d'aveugle : le palper

Le toucher reste en surface, le palper s'en distingue comme l'entendre de l'écouter. Actif et exploratoire il prend les choses en main et les pétrit en tous sens en quête d'informations. Telle est la tactilité de l'aveugle, une palpation précise des objets au long du parcours ou du quotidien afin de les identifier, avec, le plus souvent, un simple contact de reconnaissance pour les choses déjà connues. Le palper est une sorte de pénétration tactile, une recherche d'épaisseur que la seule saisie de la surface ne suffit pas à donner. « Pour palper, dit P. Villey, jamais l'aveugle ne se contente d'entrer en contact avec un point unique de l'objet proposé. La pulpe de l'index, par exemple, est étendue ; elle correspond à plusieurs points, à tout le moins aux six points de la lettre Braille qu'elle perçoit simultanément. Le mouvement fait en vue de palper s'accompagne donc toujours d'un contact plus ou moins étendu ; et inversement, l'aveugle ne se satisfait jamais d'un contact étendu : il éprouve toujours le besoin de préciser la notion ainsi acquise par des mouvements plus ou moins nombreux[7]. » Le voyant use plus rarement de cette forme affinée de tactilité car ses yeux lui suffisent d'emblée à réunir les informations dont il a besoin. Mais certains métiers exigent en permanence la mise en œuvre d'une compétence tactile élaborée.

Le mouvement (avec ce qu'il comporte de musculaire et d'articulaire) et le toucher s'associent dans l'identification de la nature et des qualités d'un objet. La main, en ce qu'elle incarne l'intelligence sensible de l'homme, parachève un processus qui sollicite le corps tout entier. Pour Révèsz, le sens haptique déborde la dimension tactile et kinesthésique pour nourrir une visée plus largement exploratrice en saisissant, palpant, soupesant l'objet[8].

Le toucher est en puissance chez l'homme un sens d'une certaine acuité, même s'il est souvent cantonné à un rang secondaire par les philosophes[9]. Les aveugles, par exemple, suggèrent un détour pour penser le toucher sur un autre registre, quand il devient une modalité essentielle de la relation au monde. À défaut de voir, les aveugles s'orientent par l'ouïe, éventuellement les odeurs, et surtout par le contact physique avec les choses. Leur corps tout entier devient touchant, et non seulement leurs doigts, mais ces derniers deviennent explorateurs, et s'imprègnent activement des objets. Quand Diderot demande à l'aveugle du Puiseaux sa définition de l'œil, celui-ci répond, provoquant l'admiration du philosophe : « Un organe sur lequel l'air fait l'effet de mon bâton sur ma main. » Sa définition du miroir est subordonnée tout entière au toucher : « Une machine [...] qui met les choses en relief, loin d'elles-mêmes, si elles se trouvent placées convenablement par rapport à elle. C'est comme ma main qu'il ne faut pas que je pose à côté d'un objet pour le sentir [10]. » Serait-il heureux d'avoir des yeux ? L'homme répond qu'il aimerait « bien autant avoir de longs bras : il me semble que mes mains m'instruiraient mieux de ce qui se passe dans la lune que vos yeux ou vos télescopes ; et puis les yeux cessent plus tôt de voir que les mains de toucher. Il vaudrait donc mieux autant qu'on perfectionnât en moi l'organe que j'ai, que de m'accorder celui qui me manque. »

Dans les *Additions*, Diderot évoque le cas d'un forgeron opéré avec succès par Daviel qui lui avait rendu la vue, mais qui continuait cependant à se servir de ses mains comme si ses yeux étaient quantité négligeable. Du mathématicien anglais aveugle Saunderson, Diderot écrit qu'il « voyait par la peau ». Diderot en conclut que « [s]i un philosophe, aveugle et sourd de naissance, fait un homme à l'imitation de celui de Descartes, j'ose vous assurer, Madame, qu'il placera l'âme au bout des doigts [11] ». Bien longtemps après, Helen Keller écrit à son tour : « Si j'avais fait un homme, j'aurais certainement placé son cerveau et son âme dans le bout de ses doigts [12]. »

L'histoire d'Helen Keller est emblématique. Née en 1880 en Alabama, elle se développe normalement quand, à dix-huit mois, une maladie la prive de la vue et de l'ouïe. Elle s'enferme alors en elle-même. Une institutrice hors du commun, Ann Sullivan, va la remettre au monde par sa patience et son ingéniosité. Pour Helen Keller, le monde se donne sous les auspices du toucher ( et de l'odorat ), c'est à travers ses mains qu'elle conserve encore le contact avec ses proches et son environnement. Avant la régression intellectuelle provoquée par la maladie, elle était à l'aube du langage, prononçant ses premiers mots. Plus tard, en promenant ses doigts sur le visage de sa mère, elle sent les mouvements des traits, des lèvres, les vibrations des cordes vocales, et elle s'efforce en vain, en l'imitant, de produire des sons pour participer à ces échanges dont elle est exclue.

Ann Sullivan lui enseigne l'alphabet manuel en traçant des lettres avec ses doigts sur sa main. Mais Helen ne fait pas encore le lien avec le langage. De ses premières paroles, elle se souvient d'un mot, *water* (« eau »), qu'elle retrouve plus tard dans un moment d'illumination qui fonde son retour à la communication et au monde. Elle se tient près d'une source, la main dans le courant : « Tandis que je goûtais la sensation de cette eau fraîche, Miss Sullivan traça dans ma main restée libre le mot "eau", d'abord lentement, puis plus vite. Je restais immobile, toute mon attention concentrée sur le mouvement de ses doigts. Soudain il me vint un souvenir imprécis comme de quelque chose depuis longtemps oublié et, d'un seul coup, le mystère du langage me fut révélé. Je savais maintenant que e-a-u désignait ce quelque chose de frais qui coulait sur ma main. » À dix ans, rencontrant l'un des professeurs de Laura Bridgman, autre jeune femme sourde et aveugle, mais ayant accédé au langage articulé, elle commence un autre apprentissage pour parler à son tour. Son professeur lui prenait la main « qu'elle promenait légèrement sur son visage, me faisant sentir les positions de sa langue et de ses lèvres pendant qu'elle proférait un son. Je mettais la plus grande ardeur dans chacun de ses mouvements [ ... ]. En lisant sur les lèvres de ma maîtresse je n'avais d'autres moyens d'observation que mes doigts. Le seul tact devait m'instruire des vibrations de la gorge, des mouvements de la bouche, des expressions de la face [13]. »

Dans l'ouvrage qu'elle rédige à vingt ans, Helen Keller décrit les deux modes de communication la reliant aux autres et au monde. Avec l'alphabet manuel, son interlocuteur, qu'elle ne voit ni n'entend, trace rapidement sur sa paume les lettres de l'alphabet correspondant aux mots qu'il souhaite transmettre. Helen perçoit le mouvement du sens de manière continue, comme à la lecture. La vitesse de communication dépend de la familiarité de son partenaire avec ce moyen de contact. Cette manière d'épeler rapidement chaque lettre autorise une conversation ordinaire, elle peut même suivre une conférence si l'orateur n'a pas un débit trop rapide. Une autre forme qui exige une familiarité avec ses interlocuteurs consiste pour elle à porter la main sur leurs organes vocaux. Elle pose le pouce sur le larynx, l'index sur les lèvres, et mène ainsi une discussion avec un proche. « Ainsi, elle saisit le sens de ces phrases inachevées que nous complétons inconsciemment d'après le ton de la voix ou le clignement des yeux [14]. »

L'acuité tactile d'Helen Keller se manifeste à tout moment. Si elle ne développe pas la subtilité d'une Laura Bridgman capable de sentir d'infimes différences dans l'épaisseur d'un fil, elle identifie les traits de caractère de ses amis. « Les gens que je rencontre ont un langage d'une muette éloquence. Il y a des mains dont le contact est une impertinence. J'ai rencontré des gens si peu aptes à la joie qu'en touchant l'extrémité glacée de leurs doigts, je croyais sentir ma main effleurée par le souffle des vents arctiques. Il en est d'autres au contraire dont les mains semblent emprisonner du soleil ; leur étreinte vous fait chaud au cœur. » De Mark Twain, elle écrit qu'elle perçoit « le clignement de son œil dans l'étreinte de sa main ». Là où d'autres se souviennent du visage des gens qu'ils ont croisés, elle garde en elle la mémoire de la pression des mains serrées et de toutes les contractions qui distinguent les individus les uns des autres. Elle sent à la surface de sa peau les vibrations des rues des grandes métropoles, et elle préfère marcher à la campagne qu'en ville. « Le grondement sourd et continu de la ville en travail agit sur mes nerfs. Je ressens le piétinement sans fin d'une multitude invisible et ce tumulte inharmonieux m'énerve. Le grincement des pesantes voitures sur le pavé inégal et le sifflet suraigu des machines me torturent [15]. » Elle dit « se souvenir dans ses doigts » de maintes discussions avec Ann Sullivan ou ses autres amis. « Quand un passage de ses livres l'intéresse, ou qu'elle désire le fixer dans sa mémoire, elle se le répète rapidement sur les doigts de la main droite, quelquefois aussi ce jeu des doigts est inconscient, elle se parle à elle-même dans l'alphabet manuel. Souvent quand elle se promène dans le hall ou la véranda, on peut voir ses mains se livrer à une mimique effrénée, et les mouvements rapides de ses doigts forment comme un multiple battement d'ailes d'oiseaux [16]. »

À propos de ce toucher particulier qui guide l'aveugle dans ces cheminements journaliers, Révész suggère l'emploi du terme *haptique* pour désigner les modalités de contact allant au-delà du toucher et de la kinesthésie tout en leur étant subtilement liées [17]. Un aveugle use de sa sensibilité cutanée pour identifier les qualités de l'espace. Une fois qu'il connaît une chaise, il l'identifie d'emblée sans avoir à la reconstruire : « Ce n'est pas un défilé, même rapide, de représentations, dans lequel les différentes parties viendraient s'ajouter les unes aux autres dans le même ordre que la sensation première, mais avec une vitesse cent ou mille fois plus grande. C'est un jaillissement. La chaise surgit d'un bloc dans la conscience. Ses éléments divers y coexistent avec une parfaite netteté. Elle s'y dresse avec une réelle complexité. Je ne saurais plus dire dans quel ordre les diverses pièces ont été perçues, et il m'est aussi aisé de les détailler dans un ordre différent [18]. » L'aveugle construit son sens de l'espace à travers la tactilité et l'ouïe.

Si pour le voyant la mémoire est essentiellement visuelle, elle est olfactive ou tactile chez l'aveugle. Un simple contact avec un objet connu en restaure aussitôt la structure. Le régime de connaissance induit par le toucher diffère de celui qui naît de la vue. Pour l'aveugle, le toucher fournit des éléments de savoir de manière successive, là où la vue les offre d'un trait. Le toucher est une expérience discontinue, un tâtonnement qui aboutit à l'élaboration d'une connaissance. Celle-ci est d'autant plus prompte que les éléments touchés sont déjà en partie connus. Mais si la vue est prodigue en informations, la main avance toujours dans la rareté. Elle découvre les choses peu à peu selon la manière dont elles sont disposées sur sa route. Les courants d'air, les objets irradiants de chaleur ou de froid redoublent les informations auditives et tactiles et livrent des indications précieuses au long des parcours dans une pièce ou une rue. « Tant que le soleil luit, écrit Rousseau, nous avons sur eux l'avantage ; dans les ténèbres, ils sont nos guides à leur tour. Nous sommes aveugles la moitié de la vie ; avec la différence que les vrais aveugles savent toujours se conduire ; et que nous n'osons faire un pas au cœur de la nuit [19]. »

L'acuité du toucher développé par maints aveugles est en contradiction avec le statut du corps dans les rites

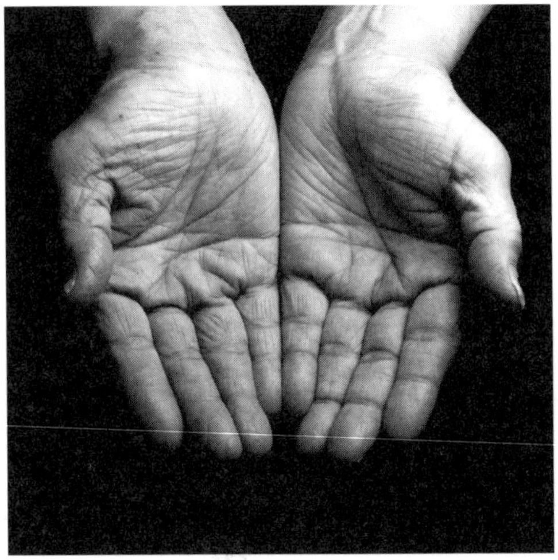

*Les lignes de la main*

d'interaction de la vie courante. La prohibition du toucher est forte dans nos sociétés et redouble leurs difficultés d'orientation. Pour se reconnaître dans un environnement, s'ils touchent les objets, non sans malaise pour ceux qui jouissent de la vue, il leur est impossible de toucher leurs interlocuteurs. Et leurs éventuelles maladresses dans la foule, s'ils heurtent une autre personne, ne sont pas toujours vécues simplement. Si les aveugles, plus que les autres, sont toucheurs dans leur vie courante, entre eux ils se touchent peu, craignant les mêmes équivoques[20].

Cette qualité du toucher, ou de l'ouïe, chez l'aveugle est purement accidentelle, elle naît de la nécessité. Elle est possible au voyant s'il en fait l'apprentissage, ou s'il devient aveugle lui-même. Chez le voyant, l'œil se substitue en permanence au toucher. L'aveugle n'a pas le choix. Mais il convient cependant d'en stimuler l'apprentissage chez l'enfant aveugle de naissance, ou par accident ou maladie, dans les premières années de son existence. Toucher avec finesse s'apprend à la manière d'une technique du corps qui s'affine au fil du temps. La cécité rend tâtonnants les mouvements de la main. Révész note justement que « plus un objet tactile est compliqué, plus l'appréhension haptique ( le toucher de l'aveugle ) est malaisée, plus la supériorité de la vue paraît évidente[21] ».

Le toucher ne « compense » pas la vue, même s'il multiplie les avertissements, il exige l'immédiateté du contact, mais l'aisance de l'œil à parcourir l'espace n'est pas celle du bras, et l'aveugle n'accède à l'information tactile qu'au moment où le lien s'établit.

## *La main comme signe*

La main est en l'homme le chemin du monde, mais elle est aussi dans les imaginaires sociaux une voie privilégiée d'accès à sa singularité. Que le visage ou la main soient les lieux les plus humains de l'homme et ceux qui marquent son irréductible différence[22] se traduit bien par la singularité des traits et la conformation unique des empreintes digitales. Il n'y a pas deux visages et deux mains identiques, leurs géographies essentielles appellent le désir de leur attribuer une signification au-delà de soi dans la révélation d'une histoire personnelle et d'une psychologie qui transforme le corps en signe, en augure à déchiffrer. Déjà le Livre de Job dit : « Dieu met des signes dans la main de tous, afin que chacun puisse se connaître. » La chiromancie est discutée en Grèce par des hommes comme Anaxagore, Platon, Ptolémée. On dit qu'Aristote aurait donné à son élève Alexandre le Grand un livre sur la chiromancie trouvé sur un autel dédié à Hermès avec une flatteuse recommandation[23]. Dans son *Histoire des animaux*, alors qu'il décrit la morphologie de la main, Aristote glisse soudain que la paume est traversée de plusieurs raies. « Chez ceux qui doivent vivre longtemps, une ou deux de ces raies traversent toute la main[24]. »

Pour la Kabbale, les lignes de la main ouvrent à des lignes d'existence pour qui connaît les corrélations entre les inclinations humaines et le cosmos. Par sa main, l'homme est relié aux mouvements de l'univers ; il est unique, certes, mais immergé à son insu dans un océan de correspondances. Les lignes qui creusent sa paume laissent défiler dans leur langage le passé, le présent et l'avenir à la manière d'une carte vivante de l'identité individuelle. Les marques de la paume qui enchevêtrent les lignes — croix, carrés, étoiles, cercles, points noirs ou blancs, auréole, etc. — sont des signes positifs ou négatifs selon leur place et leur forme. La main est un microcosme où se dessine une destinée qui dépasse l'homme tout en le maintenant sous son autorité. La chiromancie établit une correspondance étroite entre les planètes du ciel et la singularité mineure de l'homme. La main gauche, moins impliquée dans le travail, est censée préserver la constellation des signes qui se lisent sur l'épiderme, elle dévoile le texte primordial, la main droite, ce que la destinée de l'homme en a fait grâce à sa volonté propre. Les lignes de la main relient l'homme aux lignes de l'univers où sa place est inscrite à sa naissance avec la possibilité qui demeure néanmoins qu'il en infléchisse la rigueur par sa détermination personnelle.

La chirologie est l'une des innombrables déclinaisons de la caractérologie. Un jeu de signes établit les correspondances entre la paume et les doigts, la paume elle-même est associée aux facultés personnelles, au caractère, à la santé. Les doigts dévoilent la forme donnée à la pensée, à l'expression de soi dans l'existence, et signalent les capacités techniques, esthétiques, relationnelles, etc. Une paume large et ferme indique la puissance de travail, la force de caractère, l'originalité ; large et souple, elle renvoie à un caractère spontané, affable, cultivé ; en revanche, grande, disproportionnée avec les doigts, elle est un indice de violence et de perversité ; étroite, alors, elle est le signe physique de l'égoïsme et de l'irritabilité ; molle, elle signale la paresse, la faiblesse de la volonté, la sensualité, etc. La première phalange représente les facultés cérébrales. Les intellectuels l'ont, paraît-il, plus longue que les autres. La deuxième phalange manifeste le sens pratique de l'individu, la troisième, son degré d'inclination pour la sensualité, le confort. Ainsi, épaisse, elle signale une tendance à la volupté, sèche ou maigre, une pauvreté de cœur ; bien proportionnée, elle atteste le dévouement, la bonté, etc.

Chaque doigt manifeste des prédispositions caractérologiques. Le pouce est une pièce maîtresse de la caractérologie chirologique. Il symbolise par exemple la force, la détermination. Un petit pouce annonce un esprit indécis, mou. Flexible et bien orienté en dehors, il signale la souplesse d'esprit et la générosité. Les fortes personnalités sont ainsi censées avoir un pouce bien développé. Le terme poltron vient du latin, *pollex truncatus* (« pouce tronqué »), comme pour authentifier le lien entre le courage et le pouce. *Pollex* dérive du terme *polleo*, qui signifie être fort, puissant. L'un des indices de la criminalité innée est pour Lombroso une troisième phalange en forme de massue, la soudure de certains doigts, le développement exagéré des plis qui les relie entre eux, l'égalité de longueur entre l'annulaire et l'auriculaire, et une torsion de l'extrémité du pouce. « Lorsque les doigts, considérés dans leurs rapports proportionnels avec la paume, sont longs, larges et fermes, ils indiquent une pensée forte, un puissant équilibre et beaucoup d'énergie. Lorsque les doigts passent les bornes de leur juste proportion et sont plus longs qu'ils ne doivent être, ils dénotent : 1) une nature faible et débile ; 2) un homme timide et sans courage, mais d'abord fort libéral et propre pour apprendre quelque chose en peu de temps ; mais au contraire quand ils sont plus courts qu'ils ne doivent être, ils dénotent un homme avare et qui n'est propre à rien[25]. » On ne voit nulle nuance, mais un jeu de correspondances étroites qui enferment l'individu dans une psychologie inéluctable sans souci de son existence réelle[26].

La grandeur de la main, sa forme, sa couleur, sa température, la structure des ongles, les monts, les lignes, la conformation des doigts, le grain de la peau, etc., établissent les coordonnées caractérielles du sujet et indiquent son avenir. D'Arpentigny dresse ainsi six types chirognomoniques en fonction de la forme de la main : la main élémentaire (avec une grande paume), la main nécessaire (en forme de pelle), la main artistique (effilée, conique), la main utile (anguleuse ou carrée), la main philosophique (noueuse), la main psychique (pointue), et la main mixte (de forme intermédiaire)[27].

Le degré d'harmonie entre la paume et les doigts donne déjà de précieuses indications sur la personnalité. Les cinq planètes des anciens, auxquelles s'ajoutent la lune et le soleil, déterminent sept types d'orientations astrales. Leurs influences sont localisées à la base des doigts. Chaque mont porte le nom de l'astre qui influence le type psychologique. Selon la prédominance de tel mont, sa forme précise, et selon les corrections apportées par la conformation des autres, une détermination caractérielle s'engage. Le mont de Vénus marque l'amour passion avec un caractère sensuel; le mont de Jupiter, la générosité, la rectitude morale; le mont de Saturne, un tempérament calme, mélancolique, le niveau de chance ou de fatalité; le mont du Soleil, l'ingéniosité, la tolérance, la notoriété; le mont de Mercure indique le niveau moral de l'individu; la plaine de Mars, le creux de la main, proclame le niveau de courage; et le mont de la Lune est le siège de la rêverie, du goût de la solitude. La lecture des lignes de la main approfondit le diagnostic: ligne de vie (état de santé), de tête (pensée), de cœur, de chance, d'intuition, de direction; l'anneau de Vénus marque la passion, la ligne de poignet, la volonté à l'œuvre. Les lignes de la main se modifient par suite de changement d'existence, ou par la volonté de l'individu de corriger un aspect particulier de sa destinée.

Lavater, toujours aussi convaincu de son infaillibilité personnelle, et de la physiognomonie qu'il défend, affirme avec assurance que la main est un dévoilement sans équivoque de l'individu: « S'il y a quelque chose de caractéristique en l'homme, en d'autres termes, si les hommes ne se ressemblent pas parfaitement par la conformation et le caractère, il s'ensuit que la main contribue pour sa part à les caractériser, et qu'elle est, aussi bien que tout autre trait ou membre, un objet de la physiognomonie, et même un objet très important et très significatif, d'abord parce qu'elle ne peut dissimuler, et ensuite à cause de son excessive mobilité... En effet l'hypocrite le plus raffiné, le fourbe le plus exercé, ne saurait altérer ni la forme, ni les contours, ni les proportions, ni les muscles de sa main[28]. » Les mains parlent sans doute, mais il ne faut pas être ventriloque pour les faire parler à leur place.

## La main comme analyseur social

Que l'histoire singulière de l'être humain se cristallise dans sa main est en partie vrai sur le plan simplement profane. Une main d'homme diffère de celle d'une femme. Elle dit aussi l'âge de l'individu, son état de santé: l'aspect des ongles, de la peau, la conformation des doigts sont parfois des éléments de diagnostic. L'histoire individuelle, le travail exercé, les matériaux utilisés pour la tâche, façonnent la main et inscrivent en clair une condition sociale et culturelle. La fragilité, la douceur, la robustesse, les callosités, les cicatrices, les marques laissées par les produits, prodiguent à l'observateur autant d'indices.

Lors du carnaval d'Alexandrie, avant guerre, les masques envahissent les rues, et toutes les rencontres deviennent possibles car nul ne sait plus qui est l'autre avec qui il noue une aventure passagère. Seule une objection demeure à des yeux attentifs, celle des mains suffisamment connues par les amants jaloux. « Les mains de votre maîtresse, de votre amant, si vous les avez observées vous conduiront à elle, à lui, au milieu de la foule de masques la plus dense. » Les bijoux, les bagues ajoutent à l'aisance de l'identification. Telle est l'aventure d'Amaril. Il a vécu une liaison passionnée avec une femme masquée, elle a refusé de lui dévoiler son visage. Le carnaval terminé, il la recherche dans tout Alexandrie. « Et pendant toute une année, il a parcouru la ville comme un fou en essayant de retrouver deux mains de femme. Mais les mains se ressemblent tellement [...]. Et ce soir il attend une paire de mains, en tremblant, près du bassin — deux mains qui ne réapparaîtront peut-être jamais dans sa vie[29]. »

La main est en l'homme l'un des hauts lieux de l'étrangeté avec son visage et son sexe. Le visage est sans doute l'autre le plus proche en ce qu'il se confond à soi-même sans toutefois colmater une brèche qui est celle de l'identité. Les mains sont à la fois à soi, et elles semblent vivre une existence à part comme dans le récit de Maurice Renard, *Les mains d'Orlac*, et éventuellement même se retourner contre celui qui les porte. Si le visage est unique, tout homme sait plus ou moins s'y reconnaître, pour autant qu'il vive dans une société qui connaît les surfaces réfléchissantes et qu'elle lui accorde une valeur[30]. Mais les mains sont un lieu intime et personnalisé du corps que l'individu n'arrive pas nécessairement à identifier si on lui en montre plusieurs et qu'on lui demande de désigner les siennes sur une série de photos ou de plans de cinéma.

Toujours dans les mains demeure une forme d'altérité. Il n'est pas indifférent que la première greffe de mains se soit soldée par un échec, le greffé ne supportant plus ces mains étrangères qu'il n'arrivait pas à faire siennes. Si la greffe avait techniquement réussi, symboliquement, elles demeuraient radicalement autres.

Chez Sartre, par exemple, Antoine Roquentin découvre en lui et autour de lui le grouillement inépuisable de l'existence. S'il contrôle sa pensée, comme il le dit, il ne contrôle rien de son corps, qui semble se passer de lui et poursuivre un cheminement qui lui échappe. Il regarde avec stupeur ses mains comme si elles appartenaient à un autre ou participaient de manière autonome à une vie animale. « Je vois ma main qui s'épanouit sur la table. Elle vit — c'est moi. Elle s'ouvre, les doigts se déploient et pointent. Elle est sur le dos. Elle me montre son ventre gras. Elle a l'air d'une bête à la renverse [...]. Je retire ma main, je la mets dans ma poche. Mais je sens tout de suite, à travers l'étoffe, la chaleur de ma cuisse [...]. Je n'insiste pas : où que je la mette, elle continuera d'exister et je continuerai de sentir qu'elle existe[31]. » L'inquiétante étrangeté de sa main s'impose à lui. Elle est à la fois la sienne et pas la sienne, elle semble avoir sa vie propre, menaçante. Antoine Roquentin s'entaille la paume avec un couteau pour essayer de changer quelque chose à ce réel envahissant, mais il n'y a rien contre l'existence qui bat en lui et autour de lui.

Chez Malraux, l'altérité de la main annonce la mort à venir de Perken. Elle semble venue d'ailleurs et prendre une existence autonome comme si elle allait bientôt le quitter. Il l'avait vue plusieurs fois ainsi, depuis quelques jours : libre, séparée de lui. Là, calme sur sa cuisse, elle le regardait, elle l'accompagnait dans cette région de solitude où il plongeait avec une sensation d'eau chaude sur toute la peau [...]. Cette main était là, blanche, fascinante avec ses doigts plus haut que la paume lourde, ses ongles accrochés au fil de la culotte comme les araignées suspendues à leurs toiles par le bout de leurs pattes sur les feuilles chaudes [...]. La mort c'était elle [...]. Sa main reprit vie. Elle était immobile, mais il y sentait l'écoulement du sang dont il entendait le son fluide qui se confondait avec celui de la rivière [...]. Comme le mouvement des doigts, l'envahissement des souvenirs annonçait la fin[32]. »

Mountolive a vécu une relation amoureuse passionnée avec Leila. Les circonstances les ont séparés longtemps. Une quinzaine d'années plus tard, avec une passion intacte, entretenue par une interminable correspondance, les deux amants se retrouvent. Mais Leila a été atteinte par une maladie qui a altéré sa peau et abîmé son visage. Mountolive, le cœur battant, s'approche de la calèche de la femme qu'il n'a jamais cessé d'aimer. Il s'arrête avant de tirer le rideau. Il entend alors la voix de Leila, toujours dissimulée dans l'ombre. Mountolive glisse dans l'irréalité, s'il reconnaît cette voix, ce n'est plus tout à fait celle de son amante. Déjà l'altération de la voix le prévient de l'altération de Leila. Sa main s'approche de lui pour l'attirer à elle, mais il ne la reconnaît pas davantage. « C'était une petite main grasse et peu soignée, aux ongles coupés ras, sans vernis, avec de petites peaux qui débordaient. » Quand il entre enfin dans la calèche, les réticences éprouvées se confirment. C'est bien Leila, mais ce n'est plus elle. « Il la reconnut très vaguement. Il vit une Égyptienne d'âge incertain, grasse, le visage tout grêlé des marques laissées par la petite vérole, les yeux grotesquement agrandis par des traits de crayon bleu[33]. »

De même qu'un visage, mais avec une incidence d'un autre ordre, une main semble avoir une vie bien à elle seulement rattachée par accident à l'homme à qui elle appartient. Alors il convient de l'apprivoiser comme le vieil homme du récit de José Luis Sampedro. Ce vieux paysan calabrais est venu à Milan pour des examens médicaux. Il y retrouve son fils qu'il n'a pas vu depuis des années, mais surtout le dernier-né de la famille, un petit-fils né l'année précédente. Cet enfant a été nommé Bruno, c'est le nom de maquis du vieil homme du temps où il s'opposait aux fascistes avec ses compagnons.

Ce jour-là, il regarde sa bru habiller l'enfant, et il n'y tient plus. Il voudrait lui aussi tenir l'enfant entre ses mains et participer à la cérémonie. Tandis que la bru commence à boutonner la grenouillère, il se précipite sur le bouton du haut et s'efforce de le glisser dans la petite fente, mais ses doigts sont trop gourds et il échoue avec une infinie tristesse. Le vieil homme découvre alors ses mains rugueuses de paysan auxquelles il n'avait jamais prêté la moindre attention : « Le vieux les contemple obsédé : le dos, la paume. Fortes, larges, veinées de bleu, les doigts comme d'épais sarments, les ongles durs et courts, des petites taches brunes visibles à travers le duvet… Il les contemple, ces deux pattes qui savent égorger et caresser. Elles ont mis au monde des agneaux et maîtrisé des chevaux, lancé de la dynamite et planté des arbres, recueilli des blessés et dompté des femmes. Des mains d'homme, des mains bonnes à tout : sauver et tuer [...]. Est-ce possible ? Pour la première fois de sa vie il ne se sent pas fier de ses mains[34] ! » Il s'empare en cachette la nuit du vêtement de l'enfant et s'entraîne longuement à accoutumer ses doigts à la petitesse des boutons. Et il triomphe plus tard auprès de sa bru en habillant seul Bruno.

Les mains sont aussi des indicateurs de classe. Elles indiquent au premier regard la condition sociale d'un individu. Les mains calleuses, durcies par le travail de la terre ou de l'atelier, pleines de cicatrices, de crevasses, peu sensibles, sont celles de ceux qui gagnent leur vie à la sueur de leur front et au travail de leurs mains. Michel Ragon, issu d'une famille vendéenne modeste de métayers, se souvient de sa mère qui disait de son père, mort précocement, qu'il avait de « belles mains blanches ». La formule a tant hanté l'écrivain qu'il avoue s'être longtemps lavé les mains une vingtaine de fois par jour même après ne plus avoir exercé de métier sale. Un jour, un ami lui demande pourquoi il met toujours ses mains sous la table comme s'il avait des mains « honteuses ». Il se souvient que, jeune apprenti de quatorze ans, sa mère avait passionnément cherché pour lui un métier qui préserve ses mains. Ainsi, elle le voulait préparateur en pharmacie. Il commencerait d'abord comme garçon de course, puis attirerait l'attention d'un pharmacien qui lui indiquerait les secrets de ses potions, et le tour serait joué. En attendant, sa mère l'accompagne au bureau de placement tous les lundis matin, et elle refuse pour lui tous les métiers de plein air qui risqueraient de lui abîmer les mains. Finalement, il se retrouve garçon de course. Sa mère se réjouit. Il commencerait comme ça, mais, bien vite, il serait derrière un guichet. Pourtant, à l'insu de sa mère, le pauvre Michel Ragon se voit exposé aux intempéries, courant sans répit d'un bout de la ville à l'autre. Et sa mère s'inquiète en regardant ses mains abîmées par les engelures de l'hiver ou noircies par le charbon des poêles : « Mon pauvre petit, soupirait ma mère, tu n'auras jamais les belles mains blanches de ton père. »

Le *Redburn* de Melville traduit le même souci du héros au regard de son compagnon, Harry Bolton, aux yeux de fille, à la constitution fragile, et aux belles mains blanches. Ce jeune fils de bonne famille rencontré par Redburn dans les rues louches de Londres, épris d'aventure, embarque sur le *Highlander* pour rentrer aux États-Unis. Mais, trompé par la capitaine, il doit travailler durement. Et pour Redburn, il y a une contradiction radicale entre les mains délicates de son compagnon et la dureté des tâches qu'il doit accomplir. « Mais si la main de Harry était presque celle d'une noble dame, si elle avait été naguère aussi blanche que le mouchoir de batiste de la reine, et tout aussi immaculée que la réputation de Diane, aujourd'hui, tout de même, à la suite de ses efforts à tirer sur les drisses, et haler les cordages ou ses occasionnelles plongées dans le bac à goudron ou le pot à graisser les bottes, elle avait quelque peu perdu de sa pure élégance originale. Souvent, il jetait sur elle des regards attristés[35]. »

Si les mains dans les milieux privilégiés doivent passer inaperçues, se fondre dans le raffinement de l'apparence, il n'en va pas de même dans les milieux populaires où les mains attestent du travail fourni et de l'honnêteté de celui qui gagne son pain à la sueur de son front. Pour les milieux populaires, la royauté ne saurait venir que du travail des mains. Et Michel Ragon se souvient d'un compliment sans réplique de sa mère devant des peintures bien modestes : « C'était peint à la main. »

*Mario Bunge, philosophe*

Roger Somé

# L'interdit du toucher

Prendre, saisir, tenir, manier, manipuler,
palper, tâter, caresser,
désignent des actions évoquant l'usage
de la main. Elles renvoient
à la fonction qu'accomplit la main, cet organe des sens qui,
selon Kant n'a été attribué « qu'à l'homme afin qu'il puisse avoir une notion
de la forme des choses » en les touchant [1].
Ainsi, toucher désigne d'abord
le fait d'utiliser sa main pour appréhender une chose.
Il consiste à établir un contact physique et manuel
entre deux corps, par exemple entre la main
( ou l'ensemble du corps d'où elle vient ) et l'autre.

Ces deux corps — mais il peut y en avoir davantage — en contact sont des corps qui se touchent, s'aperçoivent, se sentent, notamment quand ils sont l'un et l'autre dotés d'une conscience du sentir. Appartenant au corps humain, la main est un corps sentant et touchant, ce qui en fait un élément de la catégorie des sens. En tant qu'organe de sens, elle est ordonnée à l'extériorité sans pour autant opérer une rupture avec son tout qu'est le corps dans son ensemble comme totalité. Elle est si bien ordonnée à l'extériorité qu'elle est le premier des organes de sens à se développer dans les premiers stades de la formation de la vie intra-utérine. Placée à la limite, à l'une des frontières du corps, appartenant à l'extériorité, la main participe néanmoins d'une intériorité, celle du corps entier comme lieu naturel de l'être manuel. Ainsi, le corps est la maison de la main, un habiter dont elle ne peut être séparée sauf évidemment de manière artificielle ou accidentelle. Touchant à l'intérieur et à l'extérieur, la main est, en effet, ce qui touche le familier et l'étranger, le soi-même et l'autre, l'identité et l'altérité. Alors qu'est-ce donc que le toucher sinon cet entre-deux ! Dans cette position, le toucher est un outil d'information. Il informe son centre de ce qu'il y a ailleurs, en dehors de lui. Le toucher donne au corps un accès à tout ce qui se distingue de lui, il est alors une ouverture à l'altérité, à l'ailleurs. Le toucher est un vecteur de la communication et, par conséquent, un moyen de connaissance. Essentiel dans l'existence de l'être humain, le toucher est considéré comme « le seul sens de la perception extérieure *immédiate*, et par là, il est aussi le plus important, et celui qui enseigne avec le plus de certitude tout en étant le plus grossier[2] ». Faculté incontestable de connaissance, il manque néanmoins de finesse, de distance, de discernement. En cette perception, le toucher affiche d'emblée une nature paradoxale.

Malgré sa nécessité, le toucher fait l'objet d'un certain rejet, d'une certaine dépréciation ; on y perçoit parfois l'expression d'une immaturité. Chez le bébé, par exemple, le contact avec sa mère est le moyen de communication par excellence. Cependant, il n'est culturellement accepté que du fait précisément du bas âge de l'agent. Le comportement du bébé est alors dit conforme au stade de son développement, encore que toutes les touches de la mère par le bébé, et selon les cultures, ne sont pas toujours admises. Chez la personne adulte mais handicapée mentale, le même comportement est déjà considéré comme gênant. Cela veut dire que pour toute personne dotée de toutes ses facultés, le toucher tactile est proscrit. On ne touche pas aux personnes, on leur parle. Chacun peut, pourra ou a déjà pu remarquer avec quel empressement nous nous excusons auprès de ceux avec qui, par maladresse, notre main ou un autre point de notre corps vient en contact. Dans les transports collectifs, en particulier dans le métro, aux heures de grandes affluences, nous sommes serrés les uns contre les autres « comme des sardines dans une boîte ». Cependant, nous ne manquons jamais de rassurer celui ou celle qui est proche de nous, nous presse contre son corps et celui des autres, nous frotte, nous touche donc mais sur qui notre main se pose autrement que ce contact obligé, oubliant la situation qui est sans doute à l'origine de la maladresse. Lorsque le *pardon* advient, il dit à celui qui l'accueille que notre geste n'est pas voulu et que, par conséquent, nous avons bien conscience de l'interdiction de ce que nous venions d'accomplir involontairement. C'est en cela précisément que le pardon a du sens. Néanmoins en cette précaution qui traduit le comportement requis dans les relations sociales, il apparaît que la situation à elle seule semble ne pas suffire à attester de la maladresse du geste. Et de fait, elle n'a jamais suffi ; autrement on s'expose à une accusation d'impolitesse. De ces considérations il ressort que toucher et, en particulier, se toucher entre individus est un acte bien réglé, admis en des limites déterminées. S'il est, chez le bébé, un moyen de communication accepté, il devient gênant chez l'adulte et fortement dégradant, avilissant, chez l'adulte handicapé. Cette dépréciation du toucher, qui semble circonscrite à des situations particulières, trouve pourtant ses origines bien évidemment dans la civilisation occidentale mais aussi en celle d'ailleurs et dont la transmission se fait tout naturellement par la culture. En muséographie, pour évoquer un autre exemple, l'usage de la main n'est pas une pratique acceptée pour l'appréhension des œuvres dans une exposition.

En conséquence, si toucher il y a, il ne peut avoir lieu par la main ; il le sera autrement, c'est-à-dire par l'œil ( à l'exception bien évidemment des innovations muséographiques qui aménagent des espaces pour les enfants, les aveugles et parfois pour tout public ). Il s'agit donc d'un toucher qui n'est pas celui de la main ; c'est un toucher non tactile, un toucher sans contact, métaphorique, dans lequel l'œil supplée la main. C'est un toucher contemplatif, c'est-à-dire un toucher qui, dans son émergence, maintient une distance entre les corps pourtant en contact. La vue se substitue donc à la main qui est jugée inapte à accomplir une action qui lui est pourtant appropriée : *toucher*. Cette main qui nous est si importante, qui nous rend tant de services dans son rôle fonctionnel, physiologique, est ingratement accueillie dans le champ des représentations. Je voudrais donc examiner, ici, cette contradiction, voire le paradoxe, en recherchant son fondement dans la pensée occidentale et, plus largement, dans l'histoire humaine.

## Main interdite

L'ouïe, la vue, l'odorat, le goût et le toucher. Tel est l'ordre d'énumération des cinq sens qu'à l'école primaire le maître nous imposa dans la *leçon de choses* consacrée au corps. Un ordre bien évidemment descendant qui épouse la verticalité du corps humain comme pour indiquer son exemplification des corps anthropomorphiques. Dans cet ordre, le toucher ( la main ) occupe le dernier rang ; il est le plus bas. Hasard des faits ? Hasard de la création ? Non, pas tout à fait : dans la génération humaine, la main jouit de la prééminence dans l'ordre d'apparition des organes de sens. Cette hiérarchie des sens qui épouse le schéma naturel du corps trouve une justification idéologique dans l'histoire de la pensée, notamment au dix-neuvième siècle[3]. L'essor de l'anthropologie physique, fondée sur la théorie de l'évolution, a placé le toucher au bas de l'échelle de la classification des sens, une classification dans laquelle la vue, sens de l'intelligence, appartient à la plus haute sphère de la rationalité. Mais est-ce un fait si récent ? Non, pas vraiment.

Il semble que le verbe soit créateur ; ce qui fait du *Fiat lux* le son primordial à l'origine de la génération du monde instaurant ainsi la primauté du vocal et par conséquent du ouïr. N'est-ce pas ce qui est confirmé par le mot du Christ s'adressant à Thomas : « Parce que tu m'as vu, tu as cru. Heureux ceux qui n'ont pas vu, et qui ont cru[4] ! » N'en déplaise à Thomas, pour qui la vue puis la touche devaient attester du réel ( « Si je ne vois dans ses mains la marque des clous, et si je ne mets mon doigt dans la marque des clous, et si je ne mets ma main dans son côté, je ne croirai point[5] » ), l'ouïe est antérieure à la vue et le toucher écarté dans sa prétention à dire le vrai. Pas besoin d'être dans la proximité, dans le contact, dans l'immédiateté, nul besoin de toucher pour faire l'expérience de la vérité, lui rétorque le Christ. Il suffit d'admettre comme vrai ce qu'on a entendu. Au fond, l'ordre imposé de notre brave maître ne fut pas le fait de sa responsabilité ; il reproduisit sans doute le modèle qu'on lui avait préalablement transmis.

Par ailleurs, dans l'histoire de la pensée occidentale, il est une autorité qui soutient une représentation hiérarchisée des différentes parties du corps humain. Il s'agit bien évidemment de Platon chez qui, en effet, la structure de la cité est donnée par la métaphore de la tripartition du corps dans laquelle le toucher participe du niveau inférieur considéré comme le lieu des passions et des plaisirs, domaine réservé du peuple à qui incombe la tâche de nourrir tous les autres membres du corps politique. En revanche, la partie médiane est le siège de la force, du courage ; c'est le domaine des défenseurs de la cité tandis que l'étage supérieur revient au roi sage, habilité à la diriger. C'est le fameux roi philosophe, l'idéal platonicien de l'homme d'État. Selon ce découpage, chaque partie est censée occuper la place et la fonction qui sont les siennes. C'est la condition *sine qua non* du maintien de l'ordre. Conformément à ce schéma hiérarchique du corps, l'aire du toucher est celle des passions, d'où son appartenance à l'infériorité. Rien à voir donc avec les choses supérieures, celles de l'esprit. Pas de commerce avec les choses célestes comme ce sera d'ailleurs le cas, comme par hasard, avec cette représentation du corps de Dieu dans la chrétienté, une image longtemps inculquée aux croyants. Pour l'examiner, prenons note de cette anecdote.

J'étais fort jeune lorsque je me préparais à accéder au sacrement essentiel, la communion, ce rite d'initiation qui autorise le jeune chrétien à recevoir en lui le corps du Christ. Dans la préparation de la cérémonie au cours de laquelle j'allais recevoir — pour la première fois — ce corps de Dieu, le catéchiste avait la charge de nous apprendre à ingérer ce corps auquel il faut accorder tout le soin convenu. Il s'agissait d'un véritable rituel dans lequel rien n'était laissé au hasard. En effet, au moment de la réception de ce corps, vous êtes face au prêtre à qui vous devez présenter votre langue sur laquelle il vous dépose l'hostie avec tous les soins requis. Ramenée dans le palais, vous devez la tourner avec la langue, l'humecter sans la mâcher jusqu'à ce qu'elle se laisse avaler sans difficulté.

Ainsi donc, la communion (*communio*), celle avec le Christ, c'est-à-dire cette union de soi, cet être ensemble, en symbiose, en fusion, en identité avec le Christ, suppose un détachement, une distance, un non-toucher, une « absence de touche[6] ». Mais de la part de qui ? Évidemment de celui qui reçoit. Communier, c'est, donc, prendre avec soi le corps du Christ tout en observant une distance, celle d'une absence du toucher ; notamment de celui de la main. La saisie manuelle est une proscription dans la communion avec Dieu. Le corps du Christ est ce qui ne peut être touché par n'importe quelle main. Il est réservé à celle de l'initié, le prêtre, lui, le disciple du Christ. Ce corps intouchable sans habilitation l'est d'autant plus qu'il ne peut être croqué. Aussi, l'interdiction légendaire nous mettait en garde en proférant ceci : « Quiconque s'aviserait de croquer le corps du Christ aurait sa bouche remplie de sang », celui de Dieu qui est par ailleurs un homme, renvoyant ainsi le croqueur au mangeur de chair humaine, c'est-à-dire à un cannibale. Croquer donc le corps de Dieu, c'est courir le risque de se faire passer pour un cannibale. Alors, pour l'éviter, pour se faire « civiliser », se sentir et être perçu ainsi, il sera avalé sans avoir été préalablement mâché. L'absence de mastication est une seconde privation de touche et comme pour le confirmer, ce corps est sans goût ; les papilles gustatives n'y adhèrent pas.

Ainsi, le corps sacré s'éloigne des sens et, par conséquent de la tentation. Le corps sacré est donc un corps sans touche sensible, un sensible qui se dérobe à la sensibilité. Son rapport à la sensibilité est d'être touché à la condition du respect de la règle de l'interdit du toucher.

Dans la communion, il est donné à constater un toucher absolument singulier. En ce toucher s'accomplit ce que Jean-Luc Nancy considère comme impossible : l'impénétrabilité des corps[7]. Il est, en effet, évident que deux corps ne peuvent pas occuper simultanément le même espace. Nous savons depuis la *Physique* d'Aristote que tout corps inanimé en repos occupe son lieu naturel jusqu'à ce qu'une force extérieure le pousse hors de là. Cependant, dans l'union de soi avec le corps du Christ, le corps-soi engloutit le corps-autre dans sa totalité. Un corps-autre qui est d'ailleurs censé soigner, guérir le corps-soi comme il est affirmé dans la pratique liturgique aujourd'hui : « Heureux les invités au repas du Seigneur, dit le prêtre ! Voici l'Agneau de Dieu qui enlève le péché du monde. » Et le public de répondre : « Seigneur, je ne suis pas digne de te recevoir ; mais dis seulement une parole et je serai guéri. » D'où pourrait venir cette composition, cette association de la nourriture censée intervenir dans la conservation de notre corps et la guérison, action qui rétablit, restaure ce même corps lorsqu'il est altéré et dysfonctionne ? Pour tenter de le comprendre, commençons par rétablir les textes. Dans l'Évangile de Matthieu (VIII, 5-8), on lit : « Comme Jésus entrait dans Capernaüm, un centenier l'aborda, le priant et disant : Seigneur, mon serviteur est couché à la maison atteint de paralysie et souffrant beaucoup. Jésus lui dit : j'irai, et je le guérirai. Le centenier répondit : Seigneur, je ne suis pas digne que tu entres sous mon toit ; mais dis seulement un mot, et mon serviteur sera guéri. »

Dans les différents Évangiles qui nous rapportent le discours de l'envoyé de Dieu au cours du dernier repas, de cette *ultima cena* qui précède son arrestation puis sa condamnation, voici ce que nous pouvons lire : « Pendant qu'ils mangeaient, Jésus prit du pain ; et, après avoir rendu grâces, il le rompit, et le donna aux disciples en disant : Prenez, mangez, ceci est mon corps qui est donné pour vous. Il prit ensuite une coupe ; et, après avoir rendu grâces, il la leur donna, en disant : Buvez-en tous ; car ceci est mon sang, le sang de l'alliance, qui est répandu pour beaucoup, pour le pardon des péchés[8]. »

Pour tenter de donner une explication au pourquoi de cette association de l'acte de se nourrir à celui de guérir, voici mon hypothèse : entre ces deux textes, il est effectué une transposition qui joue sur la métaphore. Le profane qui n'a pas en lui le Christ est une personne au corps souffrant ; un corps altéré qui demande une restauration, une intervention du Christ qui est bien évidemment le salut. Aussi, le corps du Christ qui s'introduit dans le corps malade sauve celui-ci de son mal, le rétablit en son état, le guérit. Seulement voilà, le corps du Christ est un corps sacré, un corps qui ne se touche pas et qui, lui-même, touche le moins possible. On le remarque assez aisément à travers les textes. En effet, dans les différentes guérisons, c'est plus souvent par la parole et moins par le geste du toucher que Jésus guérit ses patients comme dans le cas de cette femme « atteinte d'une perte de sang depuis douze ans » (Matthieu, IX, 20-22) ou dans la résurrection de Lazare (Jean, XI, 44). Quand il y a touche, celle-ci est effectuée d'abord par le Christ puis ensuite par le malade lui-même qui, sur ordre du Fils de Dieu, se touche en son point malade — comme cet aveugle lavant ses yeux préalablement recouverts de boue faite avec la salive de Jésus (Jean, IX, 6-8) — ou par le Christ uniquement qui use de sa main comme dans le cas de la guérison de la belle-mère de Pierre (Matthieu, VIII, 15), de cette fille ressuscitée par une prise de sa main ou encore de ces aveugles qui le suivirent jusqu'à la maison et à qui il rend la vue par une touche de main accompagnée de parole : « Il toucha leurs yeux en disant : qu'il vous soit fait selon votre foi » (Matthieu, IX, 25, 28-30). Ainsi donc, le corps du Christ est intouchable par une autre main, sauf pour attester qu'elle est là pour faire mal (« Alors ces gens s'avancèrent, mirent la main sur Jésus et le saisirent », Matthieu, XXVI, 50) ; qu'elle est une main impure, pécheresse (« Cependant voici, la main de celui qui me livre est avec moi à cette table », Luc, XXII, 21). Dans l'exercice de la touche, le Christ, en certaines de ses attitudes, donne, parfois, à comprendre une anticipation dont l'objectif serait d'éviter la touche d'autrui. N'est-ce pas cette expression corporelle, parfois linguistique et implicite, traduisant l'évitement qui est devenue la règle d'autorité explicitement formulée en cette parole adressée à Marie Madeleine : *noli me tangere* (« ne me touche pas ») que nous rapporte l'Évangile de Jean[9] !

Dans cette association de l'absorption de la nourriture et de la guérison, se joue la question du toucher en son intouchabilité, le rapport du profane au sacré. Dans l'absorption de l'hostie, le croyant a un double rôle, celui de la maison et du serviteur malade du centenier. Par conséquent, il n'a pas la dignité requise pour accueillir chez soi, en soi, le corps sacré. Il ne peut pas le toucher ; il peut seulement en être touché. Le corps sacré est *agent* tandis que le corps ingérant est *patient*, d'où l'absence de touche exercée par le malade sur le Christ lors des guérisons. Le corps sacré n'est pas avalé, il entre dans le corps du dévot.

En conséquence, l'ingestion du corps sacré ne peut qu'être niée. Ce que l'on peut accueillir en tant qu'agent, mais un agent tout de même réduit en sa puissance, est une parole, c'est-à-dire un être immatériel destiné à soigner. Ainsi sommes-nous dans la sphère de Dieu, cet être au corps vide pourtant présenté par une forme, celle de l'homme et par une matière, le pain dépourvu de levain, le pain azyme ! L'hostie (de *hostis*) est donc un corps victime qui résiste à la victimisation, un sensible qui échappe à la touche. L'hostie ingérée devient un *hospitis* sans contrainte, sans privation, libre comme un poisson dans l'eau. Ce n'est pas un otage, un corps emprisonné, mais un corps humblement reçu en hospitalité. Dans le fond, tout cela est un jeu symbolique, d'où l'importance de la métaphore, destiné à présenter l'imprésentable, à affirmer l'impossibilité d'un toucher du corps divin. Ce jeu énonce un paradoxe : l'incarnation et l'insaisissabilité de Dieu dans le sensible. Dieu n'est Dieu que dans la mesure où il est transcendant et immanent, intelligible et sensible, intouchable et touchable ; bien évidemment d'un touchable autre que celui de la main. C'est à cette seule condition qu'il peut être à la fois du monde sensible et du monde intelligible. Cela fait du toucher manuel un toucher inférieur, qui souille, qui menace, qui nuit à la préservation. Le toucher tactile est un toucher proscrit, banni de la civilisation occidentale du moins quant à son rapport à la chose spirituelle en son double sens : l'ordre du divin et celui de la connaissance. On peut donc comprendre l'ordonnancement de la connaissance à ce sens dit noble qu'est la vue et la répudiation totale, pour certains, des sens jugés inaptes à nous conduire à la vérité. Ces sens qui se jouent de nous, ces « cent autres superfluités périssables » — qui voilent la beauté réelle, cette beauté incorruptible, inengendrable et inengendrée, éternelle, que décrit Platon dans *Le banquet* — n'ont qu'un pouvoir, celui de nous détourner du chemin qui mène au vrai. La main est donc multiplement frappée d'interdiction et encore davantage en sa part gauche, si nous la considérons en d'autres temps ou en d'autres aires culturelles.

Retenons l'exemple de l'espace culturel autre, en Afrique, par exemple, chez les Dagara au Burkina Faso. En cette zone culturelle, la main gauche, cette main dite du cœur ailleurs, est une main interdite. On ne prend pas, ne salue pas, ne mange pas de la main gauche qui est symbole de négativité. La main gauche est la main sale ; celle qui va dans les coins et recoins les plus cachés du corps. Celle qui est la *technicienne de surface*, comme on dit aujourd'hui, du corps en son intimité ; elle est la main du sexe, notamment chez l'homme. En conséquence, dès son jeune âge, le petit garçon qui va se soulager, tient toujours son sexe de la main gauche. Autrement, il manque d'éducation. Devenu homme, il se met au lit en ayant sa femme à sa droite, position qui offre une liberté à cette main ( la *sinistra*, notion italienne qui sous-entend la dangerosité ) destinée à des tâches considérées comme non exposables, obscènes à la vue. Et de fait, l'acte sexuel est un acte réservé, privé. S'il devait être public — donné à voir à tous ou accompli en groupe comme on a pu le constater, en France, dans ces ignobles expériences que furent les tournantes — il constituerait un danger pour l'équilibre social. Ainsi donc la main gauche contient un danger potentiel suffisamment menaçant pour qu'il soit nécessaire de cacher certaines de ses actions. Il est donc compréhensible que son usage en la circonstance exigea l'imposition d'une règle de conduite si fortement ancrée qu'elle transcende l'existence des êtres. Ainsi, le défunt masculin qui est inhumé sera disposé dans une position identique à celle observée de son vivant [10]. Ce qui veut dire, du même coup, que la vie pour les Dagara ne se limite pas à l'existence phénoménale des êtres. Ainsi, cet acte, celui des sexes, pour lequel la main gauche est habilitée, a bien besoin du toucher et manifeste sans doute un type déterminé du toucher à travers lequel la main semble avoir acquis une autre détermination.

## Main phallique

L'amour est une occasion pour les sexes de se toucher. En cette occurrence, le sexe est donc un corps destiné à toucher et à être touché ; il s'offre en même temps qu'il reçoit. Cependant, en cette époque *sidaïque*, le toucher sexuel, celui précisément des sexes en fusion, c'est-à-dire l'acte amoureux, peut avoir une nature absolument singulière. Dans les sexes qui se touchent, en effet, à l'occasion d'une première rencontre — et probablement même après — les partenaires, dans la pénétration mutuelle des sexes, voire dans leur compénétration, dans ces corps en fusion et en effusion, il y a une séparation, une distance, un « espacement », un non-toucher, voire une interdiction de toucher, de se *toucher* mutuellement, imposée par on ne sait, à vrai dire, quelle autorité sociale. Pourtant la prescription est bien réelle et c'est de son respect que dépend l'effectivité de la touche. Dans la fusion des corps chargés, la touche ne peut avoir lieu qu'à la condition de l'installation d'un dispositif, d'un appareil de la non-touche, le préservatif. Ce dispositif introduit, en effet, une distance là où précisément aucune distance n'est voulue, n'est souhaitée ; là où il faut le moins d'« espacement », voire l'absence totale d'« espacement [11] ». Pourtant, cet « espacement » comme «écartement» est la nécessité même de l'existence du corps, des corps qui ont besoin de se toucher. Telle est la manifestation de l'essence absolument paradoxale du toucher. Toucher intouchable, toucher sans contact, contact distant, main propre-main sale, main amputée-main reconstituée, robotisée, main promise-main refusée, main désirée-main repoussée.

Dans le paradoxe où prend place l'union des corps amoureux, émerge un espace algébrique singulier, celui où 1 + 1 = 1. Les lois de l'arithmétique sont modifiées, transformées ; le renversement est complet. Alors, la division non plus n'est pas de mise ; seule l'unité à voix au chapitre au-delà précisément de l'existence attestée de la pluralité. À ce renversement des lois arithmétiques répond celui des lois physiques de sorte que l'instauration de la distance dans la touche est paradoxalement l'autorisation de toucher et de se toucher, l'attestation de l'existence des corps comme entités autonomes par quoi le *se toucher* devient possible. La mise en place de la distance est la libération des mains qui peuvent désormais explorer la surface des corps établissant ainsi leur proximité.

Néanmoins, dans ce toucher autorisé, il y a du non-toucher. Dès lors, les sexes ne peuvent plus se toucher sans être séparés dans le même temps. Ils se touchent donc, se pénètrent tout en se retirant, en se tenant à distance respectable l'un de l'autre, ce qui est dans le fond une interdiction de toucher, de se toucher dans le toucher. Une interdiction acceptée et partagée par les corps en scène. Alors, dans la fusion des corps en attente de la décharge, du plaisir, de l'extase, il y a l'idée d'une charge explosive, l'idée de ce *ñãmã* (*gnanman*) dont parlent les Bambara et, pour le coup, n'est pas la spécificité de la femme [12]. Cette charge négative peut, malheureusement se trouver en l'un ou l'autre des corps, voire en chacun d'eux à la fois. Dans cette occurrence, il n'est pas possible de ne pas considérer que dans le plaisir recherché, voulu et désiré, il y ait l'idée de la présence d'une négativité, c'est-à-dire la possibilité d'un déplaisir. En effet, dans ces corps sans espacement, en symbiose et en osmose, il y a de la répulsion consciemment acceptée, et peut-être même orchestrée, par les parties, condition de l'accueil réciproque de la touche qui introduit cette position nécessairement paradoxale. En somme, la touche amoureuse — ce que nous désignons par l'expression « faire l'amour » —, en cette époque de la menace de la déficience acquise du système immunitaire, ne peut plus advenir dans l'immédiateté des rencontres sans le sceau de l'interdiction de toucher dans le *se toucher*. Alors faire l'amour, en cette époque de la préservation des sexes comme préservation de la vie, peut être l'occasion, pour les sujets, de faire l'expérience, malgré eux, d'un sentiment esthétique, celui du sublime. Quoi de plus normal : ils sont sur la scène du jeu des sensibles. L'intensité, la tension des désirs — qui prépare la force de la décharge — fait face à l'immensité de l'effroi présenté par l'appareil de préservation qui introduit la distance dans la touche. La présence même du non-toucher dans la touche est en soi un fait sublime car au moment même où les corps se touchent, affirmant ainsi leur satisfaction du désir d'être un en deux, il y a la non-satisfaction persistante, lancinante, marquée par la présence de la préservation sans laquelle pourtant la touche ne peut avoir lieu, à l'exception bien évidemment des choix délibérés pour lesquels aucune disposition n'est prise. Dans l'acte sexuel sublime, il y a l'attirance et la retenue, le sentiment du goût et du dégoût, du plaisir et du déplaisir car les parties ont une conscience partagée d'un danger potentiel (n'est-il pas l'autorité non perçue ci-dessus !) qui impose le dispositif de l'interdit du toucher dans leur touche mutuellement consentie. Une touche absolument singulière qui, au-delà de la main, met tout le corps en branle et dans laquelle l'union d'*Eros* et de *Thanatos* donne une gravité à l'existence qui pourrait être énoncée en ces termes :

— Ô! Homme du vingt et unième siècle, en quel monde es-tu arrivé ! À quelle existence es-tu confronté ! L'agnostique te dira: celui que certains de tes descendants en cette terre tiennent pour l'Auteur de l'existence et à qui ils donnent diversement le nom d'*Allah*, de *Bouddha*, de *Dieu*, de *Grand Architecte* de l'univers, de *Mwin*, de *Yahvé* ou de tout autre nom que tu voudras, t'a abandonné.

— Non, réplique le pieux, pas Dieu; son Dieu.

— Mon Dieu ! s'exclame l'Homme, étonné d'être en possession d'un Dieu qui, de surcroît, lui serait propre.

— Oui, le tien, répond le pieux, il s'appelle *Technique*. Parmi les ouvrages de Dieu, écrivait le naturaliste Buffon, poursuit notre croyant, il y eut un « chef-d'œuvre », toi, l'Homme. Par mimétisme au Créateur et à la faveur des qualités dont il t'a doté puisqu'il te fit à son image, tu créas, à ton tour, *Technique*, tuant Dieu par ton geste et accorda ta foi à celle-ci qui est désormais ton *Dieu*. Aujourd'hui, tu es menacé par ta propre créature. Juste retour des choses, non ? C'est la réponse à ce que tu fis à ton Père.

Et nous voici donc de plain-pied avec des mains bien chargées dans les origines de notre monde de culture, de nos mondes de cultures. Comment en finir avec le mythe ? Faut-il d'ailleurs en finir avec le mythe, ce champ d'explication des faits humains qui n'est pas l'histoire mais ne peut se détacher d'elle ! N'est-il pas le moment préhistorique de l'histoire, le moment de la recherche de l'origine des choses ! Pour s'être détaché des désirs et besoins immédiats, pour avoir pris conscience du temps, l'homme s'est mis dans la quête des commencements, un effort de recherche dans laquelle il a trouvé le mythe comme origine de l'explication du commencement. L'origine mythique s'entend alors comme le début de l'éveil d'une conscience historique précisément parce que le mythe contient « les premières tentatives pour s'assurer un ordre chronologique des choses et des événements, pour donner une cosmologie et une généalogie des dieux et des hommes[13] ». S'assurer un ordre des choses, c'est prendre conscience de l'insaisissabilité du temps, c'est percevoir que celui-ci n'est pas une donnée concrète et que, par conséquent, il est nécessaire d'avoir un point d'ancrage, un repère par quoi il lui sera possible de se situer dans ce même temps qu'il va ainsi tenter d'apprivoiser. Dans cette perspective, le mythe est le nœud même de l'anthropologie et Cassirer, comme Barthes ou Lévi-Strauss nous en tracent le chemin après les anciens et à partir d'eux.

C'est pourquoi, ce dialogue, qui se termine par un parricide annoncé comme répétition de celui déjà accompli, présente bien cette quête des origines et nous installe au cœur de la modernité occidentale devenue planétaire, sans toutefois oublier que des faits similaires sont perceptibles ailleurs comme nous le verrons.

Chacun le sait, le parricide commis par Œdipe fut interprété, outre l'émergence de la pensée philosophique, comme étant à l'origine de la culture occidentale, à partir d'une prise de conscience de l'interdit. Dans sa tragédie, Sophocle nous présente Œdipe s'arrachant les yeux de ses propres doigts, ceux-là mêmes qui ont touché l'intouchable répétant ainsi leur geste — toucher cet autre intouchable, l'œil, afin de prendre conscience de l'interdit: ne jamais *toucher* ( à ) sa mère. De fait, le fils ne touchera plus jamais ( à ) la mère, non plus de la main, cette fois, mais de la vue. Cette absence de touche ( à distance ) — qui arrive trop tard sous la forme de l'auto-châtiment et qui relève du choix de son auteur — a pour finalité la présentation de la gravité de la touche tactile accomplie qui est à considérer comme un exemple à ne pas répéter, institue la norme. Par conséquent, la main du fils sur la mère, non pas sur les bras de la mère qui le serrent contre elle quand il est bébé ; non pas sur les mains de cette mère qui le frottent, le lavent, le massent avec du beurre de karité pour lui donner une douceur de la peau comme cela se pratique dans les rites des toilettes des bébés africains ; non pas sur le sein qui, étant dans sa bouche, le nourrit, mais la main du fils-homme, sexuellement posée sur sa génitrice, cette touche-ci est l'assassinat même par essence du géniteur. Poser la main sur l'intime de sa mère, c'est voir « l'*invu* », pour emprunter cette expression à Jacques

Derrida[14] — expression qui traduit chez Merleau-Ponty l'idée de la visibilité de l'invisible —, c'est découvrir ce qui ne peut être découvert par le sujet de la découverte, c'est accéder à une connaissance non autorisée, absolument inaccessible à qui n'en a pas le droit. L'essence de la vérité de cette connaissance est de demeurer sous le voile pour celui qui n'y a pas accès de sorte que le dévoilement devient une effraction par laquelle advient l'infraction comme transgression de la norme.

L'interdit du toucher considéré quant à la mère comme norme qui signe l'émergence de la culture dépasse les limites de l'aire occidentale, fait qui lui confère une dimension proprement anthropologique. En Afrique encore, toujours chez les Dagara, il est interdit à tout homme de toucher aux fesses d'une femme mariée autre que la sienne. Ce geste appartient, en effet, à la classe des jeux érotiques que pratiquent principalement les jeunes gens célibataires entre eux. Il est comparable à la touche des seins de la jeune fille par le garçon. Cette main sur la fesse de la femme mariée est un fait considéré comme adultérin qu'il convient de réparer. C'est une souillure qu'il faut purger par une offrande de sacrifices d'animaux dont la charge revient à l'homme concerné. Sans cette purification par le sacrifice, le mari risque la mort à l'occasion de la consommation des repas confectionnés par son épouse. Cela suppose une obligation, pour la femme, d'avouer sa souillure en suspendant tout soin accordé à son époux ( lui présenter le repas, lui porter l'eau à boire notamment quand celui-ci travaille au champ ou en revient, lui offrir l'eau pour sa toilette, etc.). Autrement, elle court le risque de mort.

Dans le cadre de cette interdiction, le bébé, un garçon en l'occurrence, qui mettrait la main entre les cuisses de sa mère, par exemple pendant sa toilette, geste qui serait de toute évidence celui d'une maladresse, aura accompli un acte répréhensible[15]. Dans ce cas, il sera procédé au rituel de purification qui consiste en un sacrifice d'un poulet offert par l'un de ses frères de sang, c'est-à-dire le frère utérin ou par un homme de cette même famille et qui porte le même matronyme que lui. Il ne sera sacrifié qu'un poulet en raison des circonstances atténuantes que les deux personnes en cause appartiennent à la même famille, c'est-à-dire qu'elles sont soumises à l'autorité d'un seul et même ancêtre du patrilignage du mari, père de l'enfant.

Selon cette perspective culturelle, la main est un sexe, un sexe en l'occurrence masculin, un phallus qui ne peut rencontrer un autre phallus dans le même espace, qui ne peut occuper le lieu qu'occupe habituellement un autre, celui du père. D'où l'obligation de tuer celui-ci lorsque le fait se produit, ce qui est bien l'irréparable transgression de l'interdit. Même dans le cas où le dispositif social prévoit la possibilité d'une réparation, comme c'est le cas dans l'organisation sociale dagara, l'irréparable demeure. Si le sacrifice expiatoire restaure l'équilibre du groupe social en évitant la mort et en restituant au mari la possibilité d'accès au pays des ancêtres à sa mort, il ne peut rétablir les relations individuelles[16]. En effet, après la réparation d'un adultère, l'homme fautif a désormais autant de droits sexuels sur la femme que le mari légitime avec ceci de particulier que ce dernier peut ôter la vie à l'homme adultérin considéré comme un voleur.

Pour diversifier quelque peu les aires culturelles données, ici, en exemple, il convient de noter que cette irréversibilité est aussi attestée par le récit du mythe de la création dogon, cette ethnie installée au sommet d'une falaise à la frontière du Mali et du Burkina Faso qui continue de nous fasciner depuis sa découverte par Marcel Griaule au début du vingtième siècle. Selon la mythologie dogon, le récit de la création commence, au fond, par une anomalie.

Dieu Amma, être unique et masculin est néanmoins soumis à la génération; capable de procréer, il est cependant dépourvu de partenaire. Alors, il décide de créer sa compagne. Ce sera Terre, une déesse anthropomorphe au corps étendu et « plat face au ciel. Une fourmilière est son sexe, une termitière son clitoris. » Lorsque Amma voulut s'unir à sa compagne, la termitière se dressa, constituant ainsi un obstacle à l'entreprise du Dieu comme pour lui signifier l'impossibilité de la rencontre de deux phallus en une même entrée. Mais grâce à sa puissance,

Amma, de sa main, vainquit son rival en supprimant la termitière et put s'unir à Terre, accomplissant ainsi le geste originel de l'excision. Mais en cet acte, il venait aussi d'introduire l'anomalie, car de la relation non consentie naîtra « un être unique au lieu des jumeaux » ; une gémelliparité considérée comme la règle du mode d'existence des êtres et préfigurée par la déesse en sa possession de deux attributs sexuels contraires. Cet être qui porte en lui la monstruosité de la solitude est « le chacal (*Thos aureus*), le fils unique de Dieu » qui, pour posséder la parole, un principe de pouvoir, symbolisée par des fibres portées par Terre, sa mère, comme vêtement, couvrant ainsi sa nudité, mit la main sur celles-ci. Cette main qui se pose sur les fibres est à la fois l'acte d'usurpation de la parole et d'obtention de la mère comme objet de désir. Terre résista mais devant la ténacité et la vigueur du fils indigne qui « n'avait d'ailleurs pas d'autre femme à désirer », elle finit par céder malgré elle. En cet acte évidemment incestueux, le chacal acquit le pouvoir, cette parole à la faveur de laquelle il transmettra aux devins les volontés de Dieu, souilla sa mère désormais abandonnée par Amma, son père, qui décida alors de créer directement des êtres vivants. Cependant, ces êtres porteraient chacun un principe mâle et femelle à la fois. Pour se déterminer comme êtres sexués, il sera nécessaire, pour chacun, de verser son sang en réparation de la faute initiale; d'où l'excision et la circoncision. En outre, la femme, après sa création, fut dotée « d'un mauvais sang », le sang menstruel, conséquence de la transgression de l'interdit, le fils dans le lit de la mère. Sang impur qui souille la femme et l'empêche, une fois par mois pendant une durée déterminée, d'être avec les hommes, de leur servir les repas et de les toucher[17]. Cette impureté doit être contenue, circonscrite. Autrement, elle pourrait provoquer d'autres désordres.

Dès le début, le geste de la création comportait un principe négatif; la main de Dieu avait déjà commis l'irréparable. Du geste d'une main violente est né ce qui n'aurait jamais dû naître: l'unité. Mais c'est aussi de cet irréparable que l'homme tient le principe de la culture, c'est-à-dire la prescription de la norme. Désormais, les hommes répéteront le geste divin par lequel ils paient de leur sang la faute initiale commise par le premier et l'unique des êtres vivants né des entrailles des dieux. La culture humaine est bien le fruit d'un désordre, d'une violence comme nous l'a déjà enseigné René Girard, une violence que nous n'arrêtons pas de déployer contre nous-mêmes au point d'adopter assez souvent des attitudes contre nature. N'est-ce pas ce qui se produit avec le toucher pour lequel la prééminence originelle est niée au profit de la vue, de sorte que celle-ci en est venue à usurper la fonction de celui-là ! N'est-ce pas ce que semblent attester davantage encore les pratiques dans le champ de la muséographie !

## *Main oculaire*

Après main interdite, une main grossière, impure, souillée et souillante, incrédule; une main désirante et dévorante, d'une érection phallique qui pénètre l'impénétrable, touche à l'intouchable; une main violente qui viole, violente, transgresse et, paradoxalement en ces actes, finit par inscrire la loi humaine en la culture; après cette main-ci, examinons cette main-là. Celle qui, par la touche, voit; mais d'un voir évidemment distinct de celui de l'œil ou qui touche d'un toucher autre que tactile, soit d'un toucher dans l'éloignement, un toucher oculaire.

L'idée d'une main qui voit donne l'occasion de constater, dans l'interdit du toucher, l'émergence d'une autorisation de toucher. Mais un toucher qui n'a rien de manuel donc. Je ne peux toucher que si je fais usage de mes yeux. Alors c'est un toucher particulier, spécifique, métaphorique, contemplatif, c'est-à-dire un toucher qui n'a aucun commerce avec l'organe de sens correspondant. Il ne s'agit donc pas de manier, de manipuler, de tâter, de palper, de caresser, de saisir, de prendre. Il est question de toucher à distance, donc de ne pas *toucher*. Exit alors le tangible, le tactile. Mais ce toucher à distance n'a lieu que dans la mesure où ce n'est pas moi qui agis dans la touche. En réalité, je subis la touche. Le toucher à distance met en évidence celui qui est touché non le touchant. Toutefois, la

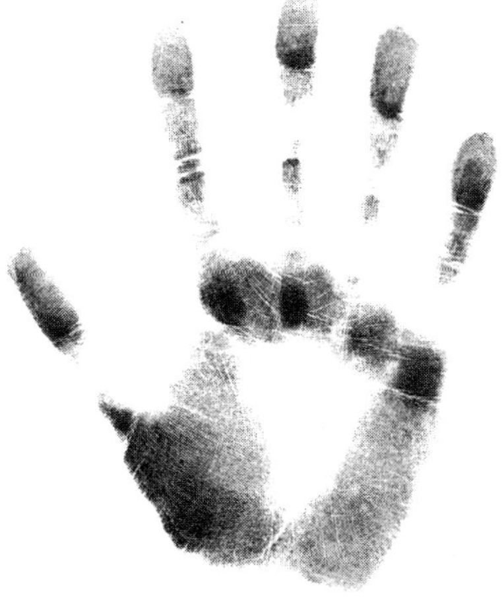

preuve de la touche réside en ce que le touchant provoque une réaction du touché. Le toucher à distance est la relation qui s'établit entre touchant et touché dans la mesure où celui-ci a une perception visuelle de celui-là. Si je suis touché c'est parce que j'ai vu. L'acte de toucher n'est donc pas de mon ressort. Être touché — ce contact à distance comme étant un voir — suppose un rapport. Mieux, il est l'attestation d'un rapport effectivement affectif, sensible donc entre deux êtres. Ce rapport s'énonce en termes de sentiment que l'on peut nommer émotion.

L'émotion est donc l'«être touché» sans contact manuel; un contact qui n'est pas un corps contre corps mais une relation qui exige un espace, une séparation une barrière physiquement marquée très souvent, dans les expositions d'art notamment, par la pose d'un cordon ou par le matériel même de présentation. La vitrine, par exemple, en tant que telle, est l'installation d'une distance entre le regardant et l'objet. Mettre un objet en vitrine, est l'expression même de l'éloignement de celui-ci du public. Alors que le principe même de la publicité exige de rapprocher le public de l'objet ou de l'œuvre et inversement, l'exigence de conservation, en muséographie, impose un éloignement qui se trouve être la condition de possibilité de la présentation de l'œuvre. Si la vitrine est destinée à présenter, à offrir l'œuvre dans une mise en espace soigneusement organisée, orchestrée, elle possède par essence, le principe de la non-présentation comme force d'opposition à la touche. Bien qu'elle donne à voir, elle couvre; voile en dévoilant, rapproche en éloignant, offre en retirant, d'où cet interdit qui nous est souvent notifié à l'entrée des expositions: «Prière de ne pas toucher aux objets» ou encore «Ne pas toucher aux vitrines. Merci». Cette prescription est d'autant plus forte que les surveillants des expositions en viennent à ne plus envisager la possibilité d'une transgression acceptée de la règle. En effet, il leur arrive d'ignorer l'existence du fait bien qu'intégré à la création d'un artiste, présenté dans l'exposition dont ils ont la charge de la surveillance; ceci n'est pas sans conséquences sur la visite. En voici un exemple.

En juillet 2005, alors que je parcourais les galeries labyrinthiques d'*Africa Remix* (Centre Georges Pompidou, Paris), j'arrive devant *History has an aspect of oversight in the process of progressive blindness*, une installation de Andries Botha, un artiste sud-africain. Cette œuvre est composée d'une vitrine fixée sur un paravent en parpaings. Dans la vitrine, sont présentés des portraits d'Africains. En face de celle-ci, sont disposées des chaises. À l'arrière du paravent, il est installé au sol des rangées de bustes d'Occidentaux. Sur le cartel qui présente l'œuvre, il est inscrit: «Veuillez prendre place». Pour avoir perçu cette inscription, je m'assis sur l'une des chaises. C'est alors qu'arriva, d'un pas bien décidé, un surveillant qui me pria de bien vouloir quitter le siège. Je lui fis remarquer que cela était pourtant autorisé en lui demandant de consulter le cartel. Après vérification, il me présenta ses excuses.

En cette expérience, toucher est bien une pratique interdite dans le champ de la muséographie, une interdiction qui dénote ceci que la distinction de l'esprit du corps notamment dans la civilisation occidentale atteste bien de la relégation du toucher comme sens inférieur et, en revanche, de la célébration de la vue comme organe de l'intellect qui, néanmoins, maintient un commerce avec l'idée de la touche. On comprend alors que dans le champ artistique, un espace éminemment élitiste, il ne soit pas admis de faire usage de sa main pour appréhender les œuvres. Bien évidemment, la raison invoquée est celle de la dégradation des œuvres que provoquerait le contact des mains qui y déposeraient des substances acides susceptibles de nuire à la matière de l'œuvre.

Mais il faut noter aussi les risques de vols et/ou de vandalismes éventuels. S'il est évident que cette pratique relève de la prévention et respecte les lois de la conservation, elle exprime par ailleurs et plus profondément un désir d'éternité qu'éprouve l'homme. Au fond, pourquoi collecter et conserver ? Pourquoi accumuler autant d'objets de toutes sortes ? Pourquoi tous ces musées qui nous envahissent ? Pourquoi ce cannibalisme des musées, dirait Jacques Hainard ?

Au-delà de la passion, particulièrement en ce qui concerne les collections privées, l'objet de musée est un objet témoin ; il est destiné à attester de notre existence et à garder notre mémoire. En cela il est un objet de patrimoine, c'est-à-dire une trace laissée par l'homme contemporain pour la postérité, trace en laquelle il inscrit son œuvre. Elle est donc le témoignage de son existence et en tant que telle, elle dit l'histoire humaine à travers les époques. En conséquence, l'*interdit du toucher* est l'expression d'un désir de préservation inconsciemment dicté par un désir, pour l'homme, de rivaliser avec les dieux. Dans l'absolue volonté de préserver l'objet de la dégradation et, par conséquent, de la disparition totale, l'homme lutte contre sa propre disparition ; il dresse un rempart contre sa condition d'être qui est celle de la finitude. Que l'individu puisse disparaître, soit. Mais que l'humanité prenne le risque de ne plus pouvoir attester de son ayant existé, voilà qui est un anéantissement que l'homme ne peut soutenir. Par conséquent, au-delà du caractère patrimonial, de sa capacité à instruire les générations futures, l'objet de musée constitue un instrument pour une quête d'éternité. La conservation et ses corollaires ( prévention et restauration ) sont alors à inscrire dans une logique de lutte contre le temps pour la pérennité humaine. Ne pas toucher à l'objet de musée, place celui-ci dans un espace de sacralité. De fait, il n'est pas possible pour personne de toucher aux œuvres. On ne peut y avoir accès en dehors des expositions et des autorisations accordées, par exemple, aux chercheurs. Elles sont gardées à l'abri dans leur *réserve* dont l'accès est réglementé. Même les conservateurs qui y ont accès protègent leurs mains en portant des gants appropriés lors des manipulations des œuvres. Cette protection de la main comme préservation de l'œuvre est évidemment une mise en distance, une absence de touche dans le toucher.

Ainsi, dans l'espace muséal, notamment en matière d'appréhension des œuvres dans les expositions, le toucher tactile est si bien déconsidéré que l'être touché n'advient qu'à la condition d'un affect exercé par un objet sur un spectateur. C'est l'objet qui, par son effet, donne des couleurs à la peau, des expressions au corps, souvent visibles dans les traits du visage ou dans la tenue particulière du regard, voire même du corps dans sa totalité, permettant ainsi la perception de ce que le sujet est touché. Ces attitudes contribuent à la définition de l'émotion comme mouvement qui, de l'intérieur, des centres sensoriels, se déploie à la surface du corps et, ainsi, se laisse percevoir ; d'où la variation de la couleur de la peau ou de l'apparition de frissons selon les sujets et les types d'émotions. Par cela même, le corps et, par conséquent, le sensible en général, est une donnée qui n'est pas sans importance dans notre quête de vérité. Alors, Descartes avait-il autant raison qu'on le lui a accordé !

Sans développer, ici, cette hypothèse qui est examinée ailleurs[18], je dirai, pour revenir à l'expérience ci-dessus décrite, que le toucher, malgré l'interdit, joue parfois un rôle dans l'appréhension des œuvres exposées. En effet, dans l'exemple présenté, il devient même une partie de l'œuvre. Ce toucher est un faire corps avec l'œuvre, un corps contre corps, un contact imposé par l'artiste et dans lequel il engage le spectateur en l'invitant à participer à la création par l'occupation d'un rôle qui est celui de son entrée dans la scène de l'œuvre en tant qu'agent interne et externe, artiste ( sans reconnaissance comme tel du reste ) et spectateur. On pourrait percevoir en cette œuvre un mouvement permanent de flux et de reflux qui dépend évidemment de la réponse du public à l'invitation ; on pourrait y voir une œuvre toujours achevée et inachevée à la fois. En cette création, il n'est plus possible de distinguer le spectateur de l'objet car l'un est dans l'autre ( et inversement) de sorte que le toucher devient un *se toucher* qui, désormais, réunit le toucher réel et le toucher métaphorique, le tactile et l'oculaire, l'œil et la main. Dans cette occurrence, l'œuvre exprime une nature unique. Elle est, à la fois, sujet et objet, pièce d'exposition et public, touchant et touché; une position en laquelle elle dispose de la faculté d'un auto-voir et d'un auto-toucher. Mais cette fois, le toucher métaphorique (toucher à distance, c'est-à-dire voir) et le toucher (l'être en contact, le tactile) sont bien ensemble précisément en leur distinction. Ici, point de suppléance; il y a plutôt confluence. Le noble et le roturier font cause commune. Toutefois, malgré son intérêt pour la réflexion quant au toucher des œuvres dans l'exposition, cet exemple est un cas limite bien qu'en art contemporain la participation du public soit un fait de plus en plus fréquent. Par conséquent, il participe de l'analyse de l'hypothèse du toucher dans l'exposition mais ne procède pas d'une démarche consciente relevant de la scénographie de l'exposition. La conscience de la nécessité du toucher des œuvres dans les expositions est donnée par l'élargissement du public aux aveugles et mal-voyants ainsi que par la considération de la spécificité du jeune public, faits qui attestent d'une réhabilitation du toucher. Les innovations muséographiques — notamment la maquette tactile, cette invention de l'architecte Isabelle Dapzol, qui fut récompensée en 2001 au salon international des techniques muséographiques — ont largement contribué à l'ouverture du musée aux aveugles et mal-voyants. Les circuits de visites spécifiquement aménagés, les cartels et catalogues en braille, constituent, pour l'aveugle des moyens d'accès aux œuvres. Cependant, ce mode d'accès établit une relation médiate qui n'offre qu'une saisie intellectuelle et non concrète de l'œuvre. L'accès immédiat suppose un rapport sensible avec l'objet et, à défaut de la vue, ce sera le toucher. Dans ce cas, c'est au tour de la main de suppléer l'œil. C'est pourquoi, en offrant la possibilité aux aveugles de toucher aux œuvres, les conservateurs ont érigé la main de l'aveugle en œil. Le non-voyant est appelé à *voir* avec ses mains qui, par le toucher, lui fournissent les informations sur l'objet. En touchant les objets avec ses doigts, l'aveugle voit par le toucher; son doigt devient son œil comme le dit si bien Jacques Derrida: « Une main d'aveugle s'aventure solitaire ou dissociée, dans un espace mal délimité, elle tâte, elle palpe, elle caresse autant qu'elle inscrit, elle se fie à la mémoire des signes et supplée la vue, comme si un œil sans paupière s'ouvrait au bout des doigts: l'œil en trop vient de pousser tout près de l'ongle, un seul œil, un œil de borgne ou de cyclope. Il dirige le tracé, c'est une lampe de mineur à la pointe de l'écriture, un substitut curieux et vigilant, la prothèse d'un voyant lui-même invisible[19]. »

Ce passage, qu'il convient de lire comme un prolongement du geste de Diderot écrivant « dans les ténèbres » à Sophie Volland « sans savoir [s'il] forme des caractères[20] », nous présente toute l'importance donnée à la main, une main qui supplée la vue accédant ainsi à la fonction de l'œil. On peut donc soutenir que si l'aveugle a une connaissance des choses, cela tient au toucher; celui de ses doigts, de sa main. Sa faculté d'entendre, de comprendre, donc de connaître dépend de son tact par quoi il est renseigné sur le monde extérieur, sur l'autre que lui. Ainsi, le toucher n'est pas distingué du voir ou plus exactement, à défaut du voir, le toucher le supplée valablement; la main devient œil.

## *Suspension*

Lorsque j'ai accepté de participer à la rédaction de cet ouvrage collectif sur *Les mains*, la première idée qui me vint à l'esprit fut celle de la latéralité considérée dans une culture africaine en l'occurrence celle des Dagara au Burkina Faso, mon terrain d'investigation ethnologique. En cette idée, il s'agissait, pour moi, d'explorer la dimension éthique des représentations sociales des mains. En effet, pour les Dagara, la gauche renvoie à tout ce qui est bancal, maladroit, mauvais tandis que la droite est symbole de bien. Un bien et un mal qui se trouvent en une même entité, dénotant ainsi le réalisme de la condition humaine et, plus largement, l'union nécessaire des contraires comme condition de l'équilibre dans l'existence. Mais à la réflexion, j'ai assez tôt perçu que la main, en tant qu'organe de sens, occupe une place considérable dans le champ des représentations sociales. Ainsi, en conduisant ma pensée sur cette main en son rôle physiologique, le toucher, j'ai pu percevoir, à l'expérience des faits, que ce sens est lourdement frappé d'interdiction bien qu'apparaissant essentiel pour notre appréhension du monde extérieur. Par ailleurs, il s'est avéré que l'interdit qui pèse sur le toucher n'est point circonscrit à l'aire culturelle occidentale. D'où la référence à l'Afrique qui ne reste aussi qu'un exemple parmi d'autres possibles. En partant de l'interdiction du toucher pour construire la réflexion, il s'est agi, pour moi, de montrer que cette interdiction est paradoxalement le chemin qui mène à la culture, car la transgression initiale fut l'occasion de l'énonciation et de l'instauration de la norme comme principe directeur du système culturel. Cette interdiction de toucher, bien que fondée sur des considérations sexuelles ( ne touche pas [à] la mère ), culmine sur la notion de sacré qui, au-delà de la spiritualité religieuse, concerne l'existence humaine dont l'exemple est donné par la volonté de préservation de son œuvre.

Ainsi donc, si la formulation de l'hypothèse du toucher pour une étude consacrée à la main paraît évidente, voire simple, elle présente un domaine d'investigation très étendue et complexe qui — au-delà de l'esthétique, c'est-à-dire de l'étude du sensible et donc du corps — touche à la religion, à l'éthique, à la psychanalyse ( assez peu évoquée ici ), voire à l'art et à la muséographie. Cette diversité de la perspective ne se déploie qu'au fil de l'analyse. Aussi, les hypothèses exposées ne constituent qu'une ébauche d'une étude dont l'ambition dans sa plénitude doit avoir une visée interdisciplinaire. Cet essai a donc un caractère inachevé ; il est suspendu. Aussi, je ne saurais transcrire, ici, le dernier point de suspension à cette étude sans évoquer une découverte toute récente. Cette découverte est celle de l'ouvrage de Didier Anzieu dans lequel on trouve l'expression « interdit du toucher » [21]. N'ayant pu m'entretenir avec lui, la suspension voudrait indiquer l'exigence d'une continuité ultérieure dans laquelle un dialogue permettra de déterminer le parallélisme ou la perpendicularité de mes voies avec les siennes…

*Gilles Carle, cinéaste*

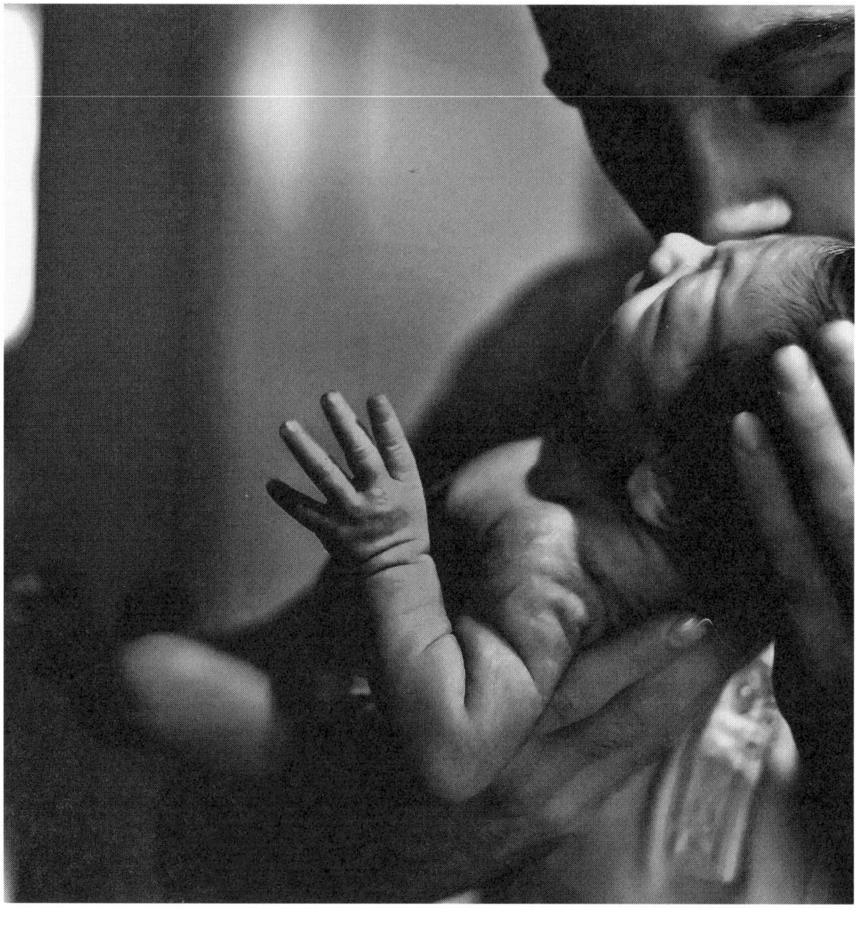

Florence Vinit

# À fleur de main

NOTRE RÉFLEXION PARTIRA D'UNE BOUTADE : POUVONS-NOUS TENDRE LA MAIN comme nous tendons l'oreille ? Quels sont les lieux d'expérience dans notre société contemporaine susceptibles d'encourager et de développer notre capacité à sentir, et cela au-delà de l'intensité presque caricaturale prônée dans le succès actuel des sports extrêmes ? Dans son ouvrage *Les cinq sens*, Michel Serres dénonce l'absence d'une chair vibrante, texture vivante en résonance avec le monde, remplacée par la fixation du sens dans les mots quotidiens et par l'inflation des théories du langage en sciences humaines : « Nous avons perdu sans espoir un monde entendu, vu, perçu, expérimenté joyeusement par un corps dénué de langage. Cet animal oublié et inconnu est devenu un homme qui parle et le monde a pétrifié sa chair, pas seulement sa chair collective d'échange, de perception, d'habitude et de pouvoir mais aussi et surtout sa chair corporelle : les cuisses, les pieds, la poitrine, la gorge vibrent désormais avec la densité des seuls mots [1]. »

Ce langage recouvrant la capacité à sentir par le corps garde pourtant, dans ses expressions courantes, la trace d'une connivence sensible avec le monde : nous pouvons « laisser notre empreinte », « toucher une réalité du doigt », « avoir la main heureuse », autant d'expressions indiquant combien le corps est en résonance avec ce qui l'entoure.

Cet affinement du savoir par le corps, en particulier celui du toucher, se retrouve dans les cultures dites « traditionnelles ». M. Jackson montre par exemple combien une véritable éthique est développée par les Kurankos à travers le corps et l'éducation des sens[2]. David Howes décrit la notion péruvienne de *Ichi una*[3] (*skin knowledge*) comme une connaissance garantissant la survie des individus et structurant tout leur rapport au monde. De même, l'histoire de Kaspar Hauser, enfant ayant vécu pendant plusieurs années en complet isolement, illustre la sensibilité tactile extrêmement développée que peut avoir un enfant qui n'a pas été socialisé dès son jeune âge[4]: Kaspar reconnaissait les métaux par la simple palpation et ne supportait pas avec eux un contact trop prolongé, son corps lui semblant alors s'étirer dans toutes les directions.

À l'inverse, l'Occident manque de repères conceptuels et pratiques pour penser l'expérience de la main qui touche. La philosophie a longtemps mis en garde contre la dangerosité, autant morale qu'épistémologique, des sens, le corps tirant l'homme vers l'animalité ou l'induisant en erreur. Dans une tradition fondée par Platon et reprise par la philosophie cartésienne, les différents organes sensoriels se trouvent même hiérarchisés selon leur degré de pureté (la noblesse du regard s'opposant à l'animalité grossière du toucher[5]). À cela s'ajoute l'ambivalence historique du christianisme à l'égard du toucher, méprisé lorsqu'il dévie le fidèle de son travail de purification morale, parfois valorisé dans l'expérience de la privation ou de la souffrance[6].

La main se trouve ainsi renvoyée à plusieurs extrêmes : figure de pouvoir dans son symbole (la main du roi), reléguée aux tâches domestiques dans son aspect concret ou encore nimbée d'une inquiétante étrangeté dans son empreinte (la main du diable ou des sorcières). À la

## La première main

La première main est celle de la mère. Qu'elle reste avec l'enfant à naître ou disparaisse dans le monde qu'elle lui ouvre, une main de maman s'est un jour arrêtée sur le rebord du ventre, elle s'est faite douce, s'est posée comme un papillon sage sur une rose immobile, comme pour signifier aux regards extérieurs qu'elle n'est plus seulement fleur mais bientôt fruit, que derrière son apparence ce ventre comme les autres contient la vie.

Lorsque la peau se tend et présente sa rondeur, la main devient caressante, polit la surface blanche, en dessine avec fierté les contours. La main parfois se fâche, semble parler au ventre, le confier au calme de la nuit.

La main un beau matin se met à écouter. Elle a senti au-dedans un petit courant d'eau, fragile bruissement au milieu de l'étang. Elle s'approche, tend l'oreille de sa paume pour sentir l'invité du dessous. Elle s'appuie un moment sur la cime du ventre, elle fait signe qu'elle est là, tapie derrière la cloison de peau. Elle attend.

Souvent, les réponses seront laissées au hasard ou bien paralysées d'être trop attendues.

Parfois la main sait qu'elle doit patienter, elle invite plutôt qu'elle ne demande. Elle s'emplit d'une présence qui la rend tendre, qui la gonfle du parfum sucré des jeux à venir. La présence enveloppe la main en la faisant légère. Elle n'est pas une toile épaisse et exigeante à manier : elle la rend plutôt souple et dense. La présence ne fait rien d'autre que de nourrir la main jusqu'à lui donner envie de s'ouvrir, de répandre son rire dans tous les environs. « Un cœur de main » dira l'enfant quand elle sera grande.

La peau adore qu'on l'aborde ainsi, elle absorbe la tendresse de la main goulûment et en prend la forme. Elle s'assouplit à son tour et cesse d'avoir peur. Elle voudrait fondre et laisser l'enfant rejoindre la paume.

Mais elle est là, lisière entre deux mondes, entre le moelleux liquide et la fermeté du dehors, entre les bruissements du ventre et le bouillonnement de l'espace alentour. Elle coud les deux feuillets de l'être dans l'enveloppe de la chair.

## est celle de la mère

L'enfant a entendu l'appel, il vient se lover contre la main, lui répond à travers la paroi. « Je suis là, dit-il, je sens ta présence comme une source chaude et j'ai envie d'aller m'y blottir. » La main devient un nid dans la nuit liquide. L'enfant s'amuse.

La main décide d'aller de l'autre côté. Elle met à découvert un nouveau terrain de jeu, elle rend visible l'espace à habiter, mais fait signe que seul l'hôte pourra décider de venir s'y loger.

La main présente ne s'attend à rien. Elle prépare le lieu, elle l'emplit de chaleur mais n'impose pas à l'invité d'y rester, ni même de venir la voir. La main qui accueille ainsi ne cherche pas à saisir. Elle sait que rien ne lui appartient, que l'enfant bientôt sera happé dans le mouvement du monde, que rien sinon la rigidité de la mort ne pourra le retenir. Elle dévoile combien l'immensité est grande au-delà de la peau. Elle fait pressentir l'étendue offerte à la caresse et à la prise.

Elle sécurise en laissant libre, elle invite sans prescrire. Elle transmet juste l'envie de découvrir, le goût du plaisir, de tout ce qui échappe à l'exigence. La main présente se veut dansante, elle ouvre l'espace sans vouloir le combler. D'un entrechat elle invite à la suivre.

Plus tard, l'enfant appellera au cœur de son cauchemar : le ventre est malade, il cherche à parler et la main l'écoutera en silence. La main deviendra phare, fil d'Ariane dans l'obscurité : elle permettra d'avancer, de supporter la douleur, de la bercer et de la rendre calme. Ailleurs, lorsque le médecin viendra l'examiner, lorsque les machines devront s'immiscer un instant sous sa toile, c'est parfois une main toute simple, sans rien à offrir, qui conduira de l'autre côté du monstre de la nuit, de la maladie ou de l'ultime voyage. Celle de l'infirmière ou de la préposée, celle du bénévole ou de l'ami : la main qui prend la nôtre nous rappelle que toutes les traversées ont besoin d'un guide. Le passage a déjà eu lieu et nous avons su le franchir.

F. V.

frontière entre l'objectivation du monde et son frôlement amoureux, elle articule le registre de la maîtrise et de la caresse. Le monde est à portée de main : il se frôle autant qu'il se manie. La main prend et s'ouvre, se fait agréable ou repoussante, sécurisante ou intrusive. Elle représente le signe d'un pouvoir mais aussi l'accueil d'une vulnérabilité : elle peut vouloir prendre, saisir, garder, contenir ou se poser et venir écouter la peau palpiter derrière sa barrière de chair, sentir l'élan de l'arbre, la tension du corps, le mouvement de l'enfant dans l'abri du ventre.

Historiquement, c'est le prolongement de la main par l'instrument qui a fait l'objet d'un développement culturel et technique. L'aboutissement de cette évolution dans la réalité virtuelle et ses capteurs sensoriels nous renvoie paradoxalement à la capacité première de la main : celle du sentir. Si la sensibilité de la main s'affine, en amenant à la conscience l'évidence de certaines sensations comme le fait le regard du peintre ou l'oreille du virtuose, n'y aurait-il pas, au-delà de l'outil comme substitut à la prise, un champ d'expérience à développer ? Le toucher peut-il faire l'objet d'une formation, sans que celle-ci ne soit pourtant conçue comme une technique particulière ?

Les domaines dans lesquels la réceptivité de la main fait l'objet d'une reconnaissance et d'un développement conscient ne sont guère nombreux dans notre société occidentale. En médecine, par exemple, la formation des soignants comprend des cours théoriques couplés à l'apprentissage de gestes techniques, la part relationnelle et affective étant laissée à la sensibilité spontanée des soignants. Hormis les professions qui font du « sentir » le cœur de leur pratique (l'ostéopathie, par exemple), la main qui touche se trouve reléguée au statut d'évidence, ne justifiant pas d'être interrogée.

La psychologie a pourtant montré l'importance d'une inscription corporelle de l'affectivité et notamment la place des échanges tactiles dans la structuration psychique de l'individu[7]. L'enfant n'est pas seulement en contact avec le lait, avec l'eau chaude qui lave son corps, avec la main qui change son linge, mais aussi avec la manière dont ces gestes sont faits et dont ils s'imprègnent en lui. La mère peut donner ces soins quotidiens de manière parfaite : la « technicité » de ces gestes ne sera d'aucun profit au développement de l'enfant si elle ne s'accompagne pas d'une ouverture affective, d'une conscience de l'être à qui ces soins s'adressent.

Dans le domaine de la périnatalité, l'approche haptonomique mise au point par F. Veldman[8] ou encore « la communication affective par le toucher » ( B. Dohmen[9] ) ont pour leur part favorisé une écoute particulière de la main qui se pose sur le ventre de la femme enceinte. Le désir d'entrer en communication avec l'enfant est perçu par celui-ci à travers la qualité de présence du parent ; le mouvement du bébé ( le fait de venir se coller contre la paroi utérine par exemple, ou d'approcher son poing du ventre ) initiant en retour un dialogue avec le couple parental. La main est ici invitée et invitante : l'intention d'entrer en relation avec l'enfant se traduit par une certaine « texture » du toucher qui vient à sa rencontre.

S'appuyant sur la notion de corporalité[10], ces approches se sont attachées à penser et décrire ce qui a lieu dans l'expérience d'une main touchant un individu selon différentes modalités de contacts : le toucher objectif, souvent figuré par la palpation médicale, le toucher sexuel ( mis en jeu dans l'intimité amoureuse ) et le toucher dit affectif, nourrissant chez la personne touchée un profond sentiment de sécurité et de bien-être. Cette qualité particulière de toucher se traduira par des effets physiologiques notables amenant une détente corporelle chez l'individu ( notamment une vasodilatation et un assouplissement tissulaire[11] ).

Le toucher affectif est celui d'une main prolongée, une main qui n'en reste pas à la sensation du contact physique de la peau mais sent en dessous et au-delà de la surface épidermique. Mettre de la tendresse dans sa main ne correspond pas ici à une simple métaphore mais à la mise en œuvre d'un toucher comprenant le moins possible d'intention sur et pour l'autre. La main qui touche rejoint la personne autant dans sa corporalité que dans son état affectif ( ceux qui pratiquent ce type de toucher relatent d'ailleurs pouvoir sentir aussi bien les tensions dans certaines zones du corps de l'autre que son état émotionnel général ).

Un toucher affectif n'est donc pas une main qui prend en charge, soulève et garde sous son aile. C'est une main qui amène un profond état de sécurisation : « Le geste qui touche ne cherche ni à prendre ni à donner mais à ouvrir aux patients, à travers sa propre sensation, l'accès à la métaphore de son corps[12]. »

Dans le témoignage de ceux qui pratiquent ce toucher affectif, l'expression d'un enveloppement revient à plusieurs reprises, comme un état de disponibilité à l'autre sans perte de ses frontières propres. Selon les mots de la psychanalyste B. Dohmen : « Quand l'approche est affective, l'autre peut m'accueillir sans réflexe de vulnérabilité parce qu'il se sent respecté dans la rencontre. Il ne résiste pas à mon approche. Si en plus je tiens compte de sa densité, sa corpulence et je pré-sens son mouvement dans l'espace, il développera une propre autonomie dans son mouvement et sera participant sans mouvement volontaire pour autant[13]. »

La texture affective de la main semble également plus nourrissante. Les personnes touchées de cette manière se sentent spontanément en confiance et celui qui touche témoigne d'un moindre degré de fatigue en comparaison d'un geste dirigé vers un objectif : « Cela fait la différence. Les gens se sentent rencontrés. Quand j'arrive à maintenir ça, les gens sont vraiment là. Ils deviennent très réceptifs et se mettent à parler[14]. »

La question de la main qui touche pourrait paraître bien anodine pour le regard de l'intellectuel. Ses enjeux dépassent pourtant le strict domaine de la périnatalité : si notre civilisation a acquis une expertise indéniable dans le maniement des choses, dans le prolongement objectif, la main qui s'étend affectivement rend visible une autre texture du réel. La peau n'est plus barrière, pellicule de séparation mais fenêtre permettant la rencontre de l'autre, dans le respect de sa différence.

Dans une société où le discours sur la sécurité se fait de plus en plus prégnant (sécurité conçue comme une préservation de soi derrière la frontière de sa peau), le toucher affectif invite au contraire à la possibilité d'une sécurisation, présence recevant et confirmant, par le contact établi, la personne touchée dans toute sa singularité humaine : l'inscription corporelle d'une sécurité et d'une reconnaissance affectives constituant sans doute la condition et la possibilité d'une rencontre intersubjective véritable.

Cet affinement de la sensibilité du toucher porte la promesse d'un lien vivant au monde, sans que cette expression ne soit une pure figure de style : « La conscience tactile est le plus haut degré de l'éros qui nous soit accessible. En ressentant sa propre chair aussi vitale que vulnérable, la chair du monde nous est rendue présente et avec elle le don de la vie elle-même[15]. » Loin d'être archaïque, la sensualité de la rencontre serait-elle révolutionnaire[16] ?

## Shiatsu

*Le silence sous la peau*
*A des odeurs de neige*
*Il fond sous mes doigts*
*Le souffle lentement tourne*
*Nous sommes là*

*La main soulève le vide*
*La chair en creux l'aspire*
*Suspend son geste*
*Le plein revient*
*Et je l'écoute*

*Le corps grandit*
*S'étire de vie*
*Vacille*
*La marée monte*
*A fleur de paume*

*Danse le souffle*
*A demi peau*
*Le nœud résiste*
*Refuse de rire*
*Puis devient fluide*

F. V.

## Jean-François Malherbe

# Mes mains
## Méditation

Quels étranges objets que mes mains ! À première vue, elles ressemblent à toutes les autres et pourtant elles sont si différentes.Certaines mains ont le pouce à gauche, les autres à droite. Le plus souvent, ma main gauche et ma main droite sont en synergie, mais parfois ma main gauche prend pour ainsi dire son autonomie et ignore ce que fait ma main droite. Avoir deux mains, c'est être potentiellement en tension avec soi-même. C'est relever le défi de créer l'unité en nous-mêmes, de construire notre authenticité.

Une main compte usuellement cinq doigts portant des ongles. La chair en est plus ou moins potelée, plus ou moins sèche. La peau plus ou moins pâle ou colorée, lisse ou ridée, soyeuse ou calleuse, huileuse ou moite. Certaines peaux manifestent une pilosité éparse, sur d'autres elle est plus drue. Les doigts d'une main sont plus ou moins effilés ou trapus. Bref, il y a des milliards de mains différentes. Nos mains sont les signes de notre unicité tout autant que de notre potentielle duplicité.

Je m'interroge sur mes propres mains dont les doigts sont en train de frapper le clavier de mon traitement de texte. Elles n'ont pas la virtuosité pianistique de mains professionnelles mais elles se débrouillent pour encoder les mots à peu près aussi vite qu'ils me viennent à l'esprit. Mes mains sont donc commandées par ma pensée. Ce sont les traductrices émérites des idées qui me viennent ou que j'organise et qu'elles restituent — assez fidèlement en général — en mots successifs pour former des phrases plus ou moins sensées. Mais il arrive aussi que mes doigts « dérapent » sur le clavier et que le mot qui apparaît à l'écran ne soit pas le mot intenté. Dans ce cas, je suis provoqué à trouver le sens de ce dérapage. Ce ne sont plus alors mes pensées qui me dictent mes mots mais les doigts de mes mains qui me suggèrent des idées nouvelles. Nos mains parfois sont plus créatives que nos pensées.

Mes mains sont des objets du monde et, considérées ainsi, elles me sont presque étrangères ; j'ai des mains qui me sont comme des outils. Et pourtant elles obéissent si intimement à ma pensée que je ne puis les dissocier de moi et que je dois y reconnaître une manifestation objective du sujet que je suis : je suis mes mains autant que je les ai à ma disposition. Mes mains, à l'instar de tout mon corps, sont à la fois miennes et moi, objectives et subjectives.

Mes mains peuvent faire ce que font d'autres mains auxquelles elles se substitueraient, et vice versa. Et pourtant elles ne le font pas d'identique façon. Chaque paire de mains, voire chaque main, a son propre tournemain, son propre style et, en deçà même des empreintes digitales, sa propre signature. Ne suis-je pas moi aussi tout à la fois unique hors du lot de mes semblables et l'un d'entre eux dans ce lot ?

Mes mains ressemblent à s'y méprendre aux mains de mon amie qui me caresse le front un soir de lassitude. Je ne confondrais ces mains-là avec aucunes autres. Ce sont les siennes. Elles ont leur façon ou plutôt « sa » façon de me toucher, si délicate, si tendre, avec cette chaleur particulière qui réchauffe sans jamais brûler, qui active la circulation de mon sang sans jamais m'opprimer. Ce sont des mains qui guérissent en même temps que les mains d'une guérisseuse…

Je puis leur substituer les miennes et, lorsque je sens une tension dans mon front, je puis toucher ce front de mes propres mains. Elles aussi sont chaleureuses et attentives ; elles soulagent. Je sens leur paume s'ouvrir sur ma tension cérébrale, la capter. Elles l'extraient, pour ainsi dire de mon cerveau dont elles parcourent doucement la protection crânienne. Mais ma main sur mon front n'est pas celle de mon amie. Elle est moins effilée, plus dodue. Mais surtout elle est ma main et pas la sienne.

Me toucher moi-même le front de la main, c'est prendre conscience d'un possible apaisement de ma céphalalgie. Être touché au front par la main de mon amie, c'est prendre conscience de moi-même en présence d'une autre à la fois semblable et différente. Sa main aimante sur mon front brise le cercle du solipsisme. Elle m'ouvre la porte d'un réseau d'alliances potentielles. Elle me propose l'appui de l'altérité pour les temps d'adversité.

Ses mains sont des mains subjectives en tous cas qui me rendent sensibles les battements de son cœur au bout de ses doigts. Je dirais même des mains intersubjectives car elles me sensibilisent à mes propres pulsations cardiaques qui, comme par enchantement, se mettent en phase avec les siennes. Les mains de mon amie créent l'unisson cordial. Ce sont des artisanes de tendresse. Mais, à dire vrai, qu'est-ce qui distingue sa main de la mienne ? Quelques caractères physiques certes mais ils ne sont pas si essentiels. Qu'est-ce qui fait que sa main est la sienne et pas la mienne ? C'est que sa main lui appartient comme la mienne est à moi. Et pourtant, parmi toutes les mains qui ne m'appartiennent pas, la sienne est absolument unique. Je la reconnais entre toutes, à condition toutefois, qu'elle l'habite, qu'elle y ait élu résidence, et même qu'elle y soit présente.

Je me souviens d'une fois où, à l'occasion d'un long trajet en train, elle s'était endormie quelques instants, la tête tendrement déposée sur mon épaule. Sa main, posée sur mon avant-bras, tout à coup, eut un soubresaut. Était-elle à ce moment-là absente de sa main ? D'un côté non car je l'identifiais sans ambiguïté pour sienne mais d'un autre oui car ce soubresaut de sa main semble avoir été comme la manifestation d'une autre force que la sienne qui l'aurait sortie de sa torpeur.

C'est comme si sa main avait été possédée par une autre personne. Ou alors par une partie inconnue d'elle-même. Je me suis d'ailleurs dit qu'elle devait avoir rêvé au moment du soubresaut. Serait-ce alors que sa main ait été pour un bref instant habitée non pas par elle-même dans la transparence d'une pleine conscience d'elle-même mais par la présence en elle d'une part d'inconscient ? Peut-être.

Quoi qu'il en soit, cette main, qui m'est si chère et si familière, m'avait surpris par son soubresaut. Ainsi, une main, à l'instar de qui la pense sienne, peut surprendre. La « surprenance » d'une main n'est-elle pas une forme de transcendance ? Mais alors, le pouvoir d'expression de ma main dépasserait mon propre pouvoir d'expression conscient. Ma main peut-elle dire des choses que je ne dis pas ? Des émotions ou des souvenirs que je garde celés ? Pourrais-je être trahi par ma main ? Ces mains qui habituellement me servent à prendre pourraient-elles aussi me surprendre et m'inviter ainsi à me déprendre de mes plus tenaces préjugés ? Entre ses mains mon Amie m'invite à l'accepter…

Mon mouvement conscient ne reflète pas toujours mon intention. Parfois la conscience est à la traîne. Ainsi dans le geste de tendresse ou de colère, par exemple, la conscience peut se trouver à la remorque de la main qui, sans intention consciente ni délibérée, prodigue une caresse ou un coup dont il me faudra peut-être néanmoins répondre ensuite. Ma main sait comment caresser ou frapper. Personne ne doit lui apprendre cette science. Elle devance mes intentions. Je dirais même que c'est en assumant le mouvement de mes mains que parfois je réalise vraiment quelles étaient mes intentions.

Finalement, ma main n'est-elle pas un miroir sagace de moi-même ? Ne me reflète-t-elle pas fidèlement, si je sais l'observer jusque dans ceux de ses mouvements que je ne commande pas, qui je suis, jusque dans les recoins les plus ténébreux de moi-même ? Nos mains ne formeraient-elle pas, en définitive, et jusque dans l'obscurité protectrice de notre plus intime « surprenance », un espace privilégié de la connaissance de nous-mêmes ?

À la « Ferme de Sage Terre »,
Le Bic (Québec)
8 octobre 2006

## Maria-Grazia Vilona

# La main de l'ami

Comment se fait-il que son cœur se soit mis à battre là, juste à la pointe, à l'extrémité de ses doigts ? De la main tout entière qu'elle enveloppe à présent, du creux et du plein de cette paume palpitante, c'est l'homme total qu'elle a touché. En cet endroit où les masques s'abaissent révérencieux et inutiles. Dans l'instant vrai de la rencontre la main qui saisissait, touchait, s'activait, s'immobilise pour s'offrir, pour sentir.

De « chose » qu'elle était, prolongement du corps, objet utile et fonctionnel du quotidien, la main devient conscience, s'habite elle-même, se prend des airs d'indépendance et s'aventure à explorer cet « autre » qui frémit de s'être ainsi abandonné.

Du lisse de l'ongle elle glisse le long de l'index. La main s'ouvre sur la ligne de vie qu'elle vient consulter avec infinie tendresse. Elle parle des jours et des nuits, d'hier et de toujours. Elle est courbe, droite, précise tout autant qu'indécise, mystérieuse offerte aux prochains jours. À peine marquée une légère flexion, voici que le doigt devient plume et dessine le contour de cette main totalement offerte. Les yeux se ferment ; en ce point ils ne savent plus voir.

Il y a les creux, les pleins, quelques plis et surtout le fleuve des veines. C'est si vivant, gonflé, gorgé de vie. Du flux et du reflux des battements de son cœur, par où se diffusent en son corps tout entier l'émotion du toucher vrai, du toucher juste. Et monte alors l'onde chaleureuse. Telles des gouttelettes de buée sur les vitres d'un matin nouveau, elle diffuse l'eau de l'émotion qu'ils se transmettent par de si légers touchers.

Dans ce monde, nul besoin de mots : le sens en est donné d'avance ; ils parlent d'eux à travers leurs doigts maintenant entrelacés.

Le grain de la peau indique le long parcours enduré pour atteindre enfin le sensible, là où se sont inscrites, parfois, la rudesse et la maladresse, de celles et ceux qui croyaient caresser.

Alors du revers de la main, elle efface les stigmates, laissés en quelques cicatrices.

Pour un instant au moins, pour l'éternité peut-être, par la mémoire de la peau ainsi éveillée dans la rencontre de leurs deux mains, l'amour s'est conjugué en accord parfait...

Lorsqu'une main a éprouvé ainsi l'être tout entier, elle ne peut plus oublier. Elle porte en elle l'accord harmonisé, de l'éprouvant et de l'éprouvé, du semblable et de l'altérité.

Tout objet touché devient dès lors conscience vivante et porte en lui la force de la matière qui ne se laisse saisir que par celui qui a touché, un jour, l'essentiel au cœur.

D'un doigt pointé vers l'horizon, elle sait voir aujourd'hui sur ce quai de gare, cette main qui s'agite en s'éloignant, en signe d'au revoir.

Les corps se séparent mais rien ne les éloignera plus, désormais. Il suffit que ses yeux se ferment pour qu'instantanément vienne se lover au creux de sa main l'homme tout entier qu'elle aime, son intime étranger... son ami...

Savigny, Suisse
8 octobre 2006

# 2

# Dire la main

Alain Médam

# Une humaine main

VOICI QU'ELLE S'OUVRE. SE DÉTEND. SE TEND VERS LE MONDE. SE PROJETTE. La main attrape ; ramène à elle. Soulève ; s'oppose à ce qui tombe. Contient. Retient. Intervient. S'affronte. Frappe. Se saisit de l'outil ; s'empare de l'instrument. Se prolonge en eux. S'affirme dans l'extériorité. Mais voici, également, qu'elle se love. Se replie. Se referme. Enclôt. Enrobe. Enveloppe. La main protège l'intimité. Cache. Caresse. Palpe. Façonne. Modèle. Devient par elle-même, en ce qu'elle délimite l'abri d'un secret, la forme d'une œuvre, la courbe d'une jouissance, le lieu d'un autre monde : celui d'une intériorité. Ce qui sollicite la main, ce qui la meut, l'émeut, c'est tantôt le dehors et tantôt le dedans. Exotérique, elle se lance dans l'action ; sous les feux de la rampe ; dans les lumières du quotidien. Ésotérique, au contraire, elle ménage de l'ombre ; préserve du clair-obscur ; de la discrétion. Régime diurne, régime nocturne, n'est-ce pas entre ces règnes, justement,

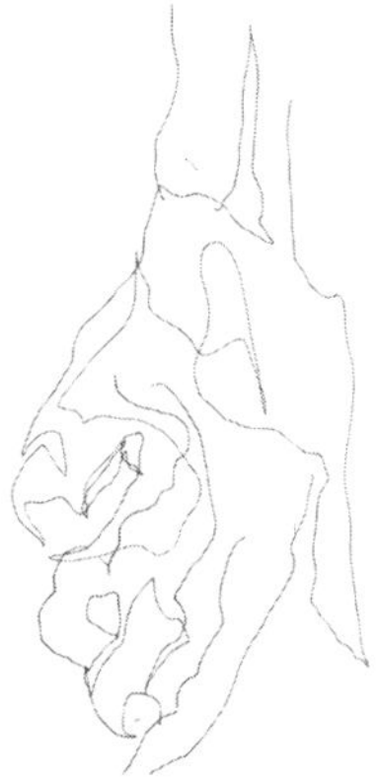

qu'elle s'affirme, affirme la présence de celui qui la porte — l'être humain —, telle une interface posée entre le monde et soi, entre l'action et le retrait, le partage et l'impartageable ?

Équivocité de la personne humaine ! Parfois figure d'action, d'engagement, d'intervention de toutes sortes dans les domaines les plus variés, et parfois figure de solitude, d'intimité, de réflexion introspective. La main, s'ouvrant ou se fermant, dessine les termes de ces alternatives. Peut-être est-ce par ses mains que l'homme affleure le mieux, au plus près, à ses ambiguïtés ; à ses dualités. Et que ses mains soient deux, précisément — que la droite, comme l'on dit, puisse ignorer ce que la gauche peut entreprendre, et réciproquement —, cela ne fait que confirmer les équivocités d'un être dont les dualités fondatrices peuvent devenir, à l'occasion, duplicités.

Les mains expriment cela, par conséquent. Elles le manifestent. Ce que signe la main de l'homme, en premier lieu, c'est peut-être le paraphe de sa propre complexité.

Car l'opposition ne se réduit pas, en effet, à celle qui veut que l'action soit contredite par le repli tout comme la lumière l'est par l'ombre ou le monde par l'intimité. C'est du côté du monde, encore, que les choses se compliquent, et du côté de l'ombre protectrice qu'elles se troublent également.

Du côté du monde, vers lequel la main s'ouvre et se tend pour agir, celle-ci peut s'avérer être celle du guerrier. Du lutteur. Du criminel. Elle étrangle, alors. Étouffe, déchire, s'empare d'une arme, appuie sur la détente. Mais encore, du côté du monde, cette main peut être celle d'un chirurgien, d'un secouriste, d'un ami. En ce cas, elle répare, console, suture, dirige ce qui naît vers la vie et ce qui va périr vers l'issue salvatrice.

Tandis que du côté de l'ombre et du repli, l'opposition n'est pas moins sensible. Cette main qui se referme — dont la paume intérieure, en somme, devient son extériorité —, cette main peut être celle du créateur, du sculpteur, du peintre, de l'écrivain, du compositeur. Ce à quoi elle s'applique, à ce moment-là, c'est à engendrer tout en protégeant ; à révéler tout en polissant la forme ou la phrase. Mais ce peut être aussi la main de la mère, celle du père, de l'amant, de l'amante, qui, tout en caressant, fait venir à la vie.

Or cette main du secret, de l'engendrement obscur, ce peut être aussi celle que referme l'avare sur ses possessions. Celle de l'égoïsme qui ne consent rien ; du pouvoir qui ne livre rien. Celle du fanatisme, également, qui se crispe sur ses certitudes. Lorsqu'il en va ainsi, loin d'engendrer, la main stérilise. Elle retient pour ne pas partager. Se bloque sur soi pour ne rien accueillir de différent.

Qu'on songe aux configurations qu'une main peut adopter : arme ou coquille ; tranchant ou demeure. Comme si ses usages induisaient, chaque fois, en leur pluralité, la forme qu'elle adopte. La main du tortionnaire est-elle celle, le soir, qui caresse les cheveux de son fils ? La main du virtuose ressemble-t-elle à cette main qui, un moment plus tard, compte les billets de banque ?

Sans doute est-ce la même main, ici comme là, en ce registre ou cet autre, et pourtant, dès lors qu'elle adopte telle forme pour cet usage particulier — dès lors que pour le pire ou le meilleur, elle se façonne et s'adapte à ce qu'elle façonne, elle-même, ou bien qu'elle détruit —, il nous semble que non, ce n'est pas la même main ; ce ne peut être la même. Il nous est douloureux de penser que cette main demeure identique.

Or, nous le savons — la science le montre —, il n'est guère de mains identiques pour lors que l'on passe, dans les multitudes humaines, d'un individu à un autre. Il faut donc l'admettre : une main, tout comme un visage, est une signature ; le signe d'une unicité.

Et par conséquent, cette main du tortionnaire qui déclenche à la fois les cris de supplice et les rires de l'enfant,

c'est bien la même main ! Et c'est la sienne. Ce ne peut être que la sienne. Par nos mains, nous n'échappons pas à ce que nous sommes. Nous aurons beau vouloir effacer ces taches dont nous les aurons maculées, elles ne retrouveront point cette figure d'innocence en laquelle nous aimerions nous reconnaître. Les considérant, c'est nous que nous considérons. Elles témoignent de nos actes.

Mais alors, si, déchiffrant nos mains, en leurs singularités respectives, nous pouvons savoir quelque chose de ce qui rend l'humanité insaisissable tant elle reste équivoque, ne pouvons-nous distinguer quelque signe, de la même façon, de ce qui constitue son génie ? Nos mains nous disent-elles quelque chose de ce qui rend l'humanité humaine ?

Ces questions nous rejoignent, en vérité, tandis qu'assis dans notre fauteuil, les mains à plat sur nos genoux, nous laissons aller nos pensées. Ces mains-là, si dérisoires soient-elles, sont-elles pour quelque chose en ce qui tisse l'humanité ? En retour, en quoi se trouvent-elles façonnées, elles-mêmes, par ce que fut, dans les profondeurs de la durée, la très longue aventure humaine ? Qui donc fit qui, qui détermina quoi, de l'homme et de la main ? Est-ce les gestes qu'inventa le primate, à mesure du développement de ses besoins et de l'ouverture de sa conscience, est-ce ces gestes qui façonnèrent, au cours des millénaires, la forme de la main que nous connaissons ? N'est-ce pas plutôt cette forme — vite acquise par les hominidés — qui permet à l'homme, peu à peu, d'inventer les pensées, les affects d'une humanité pourvue de tels membres ?

L'homme fut-il l'engendreur de la main ? Ou la main, la matrice de l'homme ? Il semble bien, répondent les scientifiques, que ce soit, chez l'homme, l'exercice de la main qui développa, au point où elle se trouve, la zone cérébrale qui correspond à ses usages. Ce fut la découverte lente, patiente, tâtonnante, approximative, instinctuelle, de ses possibilités d'utilisation, qui forma le cerveau humain ; qui le développa et le façonna tout autant, assurément, qu'il découvrit lui-même, inventa, inaugura de telles possibilités.

L'homme pense par l'usage de ses mains, dont il pense l'usage. Pas d'*homo sapiens* sans *homo faber*. Pas d'action à portée de main sans pensée de l'action — et pensée de la main. Mais aussi, point de pensée sans que, par ses actes, une main y pense.

L'homme, toujours assis, observe ses mains. Il y pense. Se peut-il qu'elles le pensent, également ? Du moins, qu'il ne pense, lui-même, que par leur entremise ? Ces questions le retiennent. Ces deux mains, jusqu'ici, il ne faisait guère que s'en servir. Il allait de soi qu'elles fussent là. C'était à tel point vrai qu'il lui semblait, parfois, qu'elles étaient absentes. Il n'y songeait pas.

À présent qu'il y songe, elles lui semblent étrangères. D'où viennent-elles ? Leurs doigts écartés — sous cette apparence de calme qu'elles présentent — lui suggèrent une autre figure. Il replie ses doigts et voici qu'elles ressemblent — prolongeant ses avant-bras — aux pattes d'un oiseau. Il courbe encore ses doigts, les recourbe, et alors il croirait qu'elles enserrent une branche d'arbre ; qu'elles tiennent à leur merci une proie — qui n'est rien que ce livre dont la lecture l'endort.

À rebours de l'évolution de ses mains, il somnole dans les millénaires. Dans l'ancestralité. Dans l'archaïcité. Elles proviennent de très loin, ces compagnes, rêvasse-t-il, portant toute la mémoire d'une provenance. Des pattes d'oiseau, certes. Mais plus loin ? Plus profondément ? Les pinces d'un crustacé ! C'est cela : les mains humaines ne sont rien que ce qui, primordialement, primitivement, ne fut là que pour serrer, cisailler, lacérer. Le reste ne vint qu'ensuite. Bien après. Des millions d'années plus tard.

Ses mains l'inquiètent. À présent, il ne s'y reconnaît plus. Des serres antédiluviennes ne sont-elles pas présentes,

toujours, sous la chair de ses mains ? Ne vont-elles pas faire irruption ? Décider pour leur compte ? Agir à leur façon ? Revenir à il ne sait quel âge exactement ? Existe-t-il donc, sous la main manifeste — se demande l'homme —, comme une main latente, inconsciente, refoulée, prête à ressurgir ?

Que sait-on du geste de l'étrangleur ? Est-ce vraiment lui qui décide ? Est-ce que ses mains, plutôt, ne prennent pas les devants, le forçant à les suivre, à agir derrière elles, sous l'emprise de leurs impulsions ? N'est-il pas la proie de ses mains, de leur geste, cependant qu'il se précipite, pinces ouvertes, sur le corps de sa proie ?

L'homme veut se rassurer. Il fait jouer le pouce de sa main droite. Puis celui de la gauche. Non, heureusement, médite-t-il, entre le homard et moi, entre le vautour et moi, le singe s'interposa. Le singe ! L'inventeur du pouce, précisément. L'inventeur de la main, de la main de l'homme, de l'homme pourvu de mains semblables aux miennes. Le pouce est opposable à la paume de la main et, par conséquent, aux autres doigts. C'est cela qui fait que sa main se différencie d'une pince. Ou d'une serre d'oiseau. Il permet la souplesse : rend possibles la subtilité, l'agilité, la diversité des gestes. Par la grâce de la main — tout au long de l'évolution millénaire —, la souplesse de l'intelligence de celui qui en faisait usage s'affirma. Celle du singe. Puis, de l'homme. Ainsi se trouva refoulé, chez l'humain, dans les profondeurs de l'inconscient, la présence taraudante de la pince.

Barbarie ou civilisation ? Perdurance des pinces, des serres impitoyables, sous les malaises des civilisations ? Cette phrase de Montaigne — réfléchit l'homme —, je l'ai découverte, adolescent. Toute ma vie, de mémoire, je me la répétais. « C'est toujours une humaine main qui donne ; c'est toujours une humaine main qui reçoit. »

La main, donc… Non pas la pince. La main de l'homme ; non point celle de Dieu, non plus. Proclamation de la laïcité. Manifeste de la tolérance. Ce que dit Montaigne, c'est que tout se passe dans l'immanence ; dans la contingence ; d'homme à homme ; *mano a mano*. Plus de main de Dieu tendue vers celle de l'homme tendant lui-même sa main vers Dieu en une presque rencontre dont on ignore si ce qu'elle montre est ce qui va se joindre ou rester séparé.

Plus de mystère ! Nous devons rompre les charmes ! Tout se passe dans l'échange, sur terre, de l'un à l'autre, d'une société à sa voisine. Tout se passe démocratiquement — non plus sous l'emprise d'injonctions transcendantes — puisque aussi bien, de l'un à l'autre, nul n'est jamais plus haut que son voisin. Nul ne doit l'être.

Nous sommes responsables humainement, politiquement, de ce que nous savons faire de la main de l'autre qui elle-même, à son tour, s'engage et se commet tandis qu'elle se tend vers la nôtre. Et parce que nous sommes responsables, nous ne pouvons point ne pas être tolérants. Cette main de l'autre, si nous voulons nous en saisir, il nous faut bien la prendre pour ce qu'elle est : blanche ou noire, jeune ou vieille, mâle ou femelle, démunie ou satisfaite, malade ou en santé. Nous pouvons choisir, mais nous ne pouvons exclure. Si nous devions le faire, refusant par principe de serrer certaines mains, c'est le cercle tout entier des échanges — des reconnaissances mutuelles — qui se verrait brisé.

Ainsi donc, seulement, demeurera à portée de main, la société humaine. À tout instant, en tout lieu et toute circonstance, il doit nous être loisible de reprendre en main nos affaires — et notre société. Si cela ne devait plus être — si la main du guide pointant du doigt l'horizon des espoirs suprêmes, devait nous dispenser de ce devoir d'intervention —, c'est alors que, baissant les bras, nous démissionnerions.

Si la forme du poing serré, levé, ne devait plus signifier le rassemblement de ceux qui s'entraident, mais la simple puissance de ce qui peut s'abattre, c'est alors que nous nous soumettrions.

Mais aujourd'hui ? s'interroge l'homme. En notre siècle ? Celui du terrorisme, de la mondialisation, des détraquements climatiques, des bouleversements de toutes sortes, sur toutes les échelles envisageables ? Que demeure-t-il encore qui soit, pour chacun de nous, à portée de main ? Ne sommes-nous pas contraints de passer la main ?

Ces mécanismes implacables, anonymes, qui animent aussi bien les lois du marché que l'injustice sociale, que les criantes inégalités entre mondes riches et affamés, que les fureurs des bombes humaines, que les pollutions, contaminations, pandémies, catastrophes naturelles, ces mécanismes, comment pouvons-nous penser, encore, pouvoir les tenir en main ?

Nous croyons que nous demeurons sujets. Mais ils s'opposent à nous. Nous voici devenus les objets, nous-mêmes, de ces objets incontrôlables portés par de gigantesques systèmes. Ce n'est plus une humaine main, désormais, qui donne et qui reçoit. Ce sont des mains artificielles toujours plus vastes, complexes, qui nous empoignent, nous étreignent, se saisissent de nos forces, faisant choir de nos mains, finalement, nos ultimes ressources.

Ces mains, du reste, dans les temps à venir, en serons-nous encore sujets ? Voici peu, à la télévision, on pouvait voir ce reportage. Une main artificielle, totalement révolutionnaire, vient d'être inventée, expliquait-on. Directement branchée sur le système nerveux d'un individu, elle est commandée par le centre cérébral normalement affecté à l'usage d'une main vivante. Un prototype se trouvait essayé, pour la première fois, sur un accidenté amputé des deux bras. On le voyait capable, en effet, de gestes extrêmement délicats, tel celui consistant à se saisir d'un verre à pied rempli d'eau, posé sur une table.

Pas une goutte ne tombait. « C'est presque comme si c'était normal, s'exclamait l'appareillé. Je pense un geste et elle le fait ! » Mais précisément : « Elle le fait », disait-il. Non pas : « Je le fais. » Le « presque normal » dont il faisait état, ne tenait-il pas à cela : à cette différence capitale ? Et cette simple différence, en cette formulation, renvoyait alors à d'autres pensées. Elle faisait saisir, par contraste, que, pour l'homme, sa main n'est certes pas un simple prolongement. Elle est partie prenante intimement, constitutivement, à l'élaboration du « je ». Cette prothèse, par ses artifices, si ingénieux soient-ils, ne pouvait satisfaire à ce rôle. Il demeurera toujours un « presque ». Nulle prothèse ne pourra faire en sorte que, par l'usage de ses mains, le « je » agisse, mais, plus encore, qu'il se reconnaisse et s'affirme comme sujet agissant.

Je tiens en main, donc je suis « je ». Je maintiens à portée de main ce qui pour moi importe, donc je suis une personne.

Pourtant, qu'adviendra-t-il de nous, se demande l'homme, lorsque nos mains, grâce aux progrès technologiques, se révéleront inutiles ? Cette question, en fait, se pose dès maintenant. Nous voici assis face à l'écran d'ordinateur. Les yeux travaillent. L'esprit. Mais les mains ? Elles se bornent à ne déplacer que de peu, légèrement, une prétendue souris. Alors, tandis que nous sommes là, face à la vérité informatique, nous en venons à nous interroger : « Qui est sujet ? l'écran ou nous ? » Est-ce lui qui nous mène dans les fils de sa trame ou bien est-ce encore nous, qui menons le mouvement ?

Avouons-le : nous ne le savons plus trop, et, sans doute, s'il nous semble à ce point devenir l'objet de ce simple objet technique, c'est que nous demeurons sans geste. Sans action. Sans mouvement de nos mains ni, d'ailleurs, de nos membres. Nous perdons quelque chose en cette affaire — en cette quête qui veut que nous « naviguions » sur les flots d'internet —, et cette part que nous égarons en chemin, c'est un peu nous-mêmes. Le monde, certes, par l'effet de la « trame », est à portée de main. Mais nos mains, où se sont-elles portées ?

Objets intelligents ? Plus intelligents que nous ? Ainsi, de cette voiture. Elle se stationne toute seule en marche arrière ; sait effectuer un créneau et pousse l'obligeance jusqu'à prévenir le conducteur : « Attention ! le volant va tourner. » Que lui reste-t-il à faire, alors, à cet homme immobile derrière son pare-brise, si ce n'est à ôter ses mains du volant pour que celui-ci puisse tourner ? Bientôt, une voix ne lui dira-t-elle pas, le matin : « Attention ! le peigne va peigner ; le rasoir va raser » ? Il s'abstiendra, alors, de tout geste susceptible de contrarier ce cours des choses. Se laissant faire, il offrira sa joue au rasoir, ses cheveux au peigne, ce créneau au volant. De quoi s'abstiendra-t-il encore, peu à peu, tandis qu'il observera, autour de lui, des objets toujours plus nombreux, plus habiles, devenir, en somme, ses propres mains ? Il manipulera par substitution, et c'est dire que, en définitive, ces substitutions le manipuleront.

Sera-t-il « je », encore, parmi tous ces « je » objectifs ? Ses mains seront-elles « mains », désormais, cernées par ces mains non moins bienveillantes, non moins performantes les unes que les autres ? Ces objets — devenus sujets, à sa place — s'opposeront à ce qu'il reste de sa subjectivité. Il aura perdu la main.

Pour l'instant, tant qu'elles sont là, ces compagnes, l'homme continue de les observer. Il est rare qu'il les considère comme il le fait en ce moment, toujours immobile, écoutant la radio. Ces mains posées sur ses genoux, il en voit la face extérieure : le dos. Il les retourne alors vers lui : voici la face, la paume. Il les tourne, à nouveau. Voici le dos. De quel côté, se demande-t-il, lui ressemblent-elles le plus ?

Sur l'un et l'autre de ces côtés, il les voit siennes, en vérité — les reconnaît pour telles —, mais non pas de la même façon. Du côté du dos, elles sont marquées ; portent sur elles les traces du temps. Les veines ont enflé, en effet. Des taches de vieillesse commencent d'apparaître. Ce qu'elles disent, ces mains — sous cet aspect qu'elles lui présentent —, c'est que les années ont passé ; c'est que le monde fut là, pesant sur cette vie ; c'est que les épreuves, parfois, les firent se tordre, s'étreignant l'une l'autre, et que de ce passé, des stigmates demeurent.

Alors, l'autre côté ? Côté face, cette fois : côté paume. Là, c'est différent. Ce qu'elles marquent et signifient, ces lignes qu'il distingue, ce sont les présuppositions d'un devenir. D'un devenir déjà passé, pour lui, déjà lointain, certes, mais ça ne fait rien, elles s'obstinent à le signifier. Ligne de vie, ligne de chance, de cœur, de tête. Tout semblait disposé par avance, aux yeux d'une chiromancienne, et même, lui expliquait-elle jadis, il existait des signes universels dans l'espace restreint de cette main qu'il lui présentait. Ligne du Soleil. Ceinture de Vénus. Monts de Jupiter, de Saturne, de Mercure. Plaine de Mars. De quoi rêver, assurément, à défaut d'y croire.

« Alors, est-elle unique, ta main ? soliloque l'homme. Unique ou universelle ? Est-elle la signature, vraiment — tout comme l'est ton visage — de ce que, seul, au monde, tu disposes de ces traits ? Ou bien, si singulières puissent être ces mains que tu regardes et qui sont tiennes — et qui sont toi —, obéissent-elles à un schéma général, générique, qui veut que pour tous et chacun de mêmes lignes soient tracées sur la paume, les unes formant triangles, d'autres des quadrilatères, d'autres, encore, des parallèles en voie de se joindre ?

« Et n'est-ce pas cela, précisément, que la chiromancienne évoquait par ces appellations qui renvoient à un ordre cosmique ? À la fois, elles seraient supposées, ces lignes, nous permettre de prévoir ce que sera le tempérament, l'avenir d'un individu quelconque — s'il aura des maladies, s'il divorcera, deviendra fou, se suicidera, fera preuve d'audace, d'ambition, de bienveillance, de

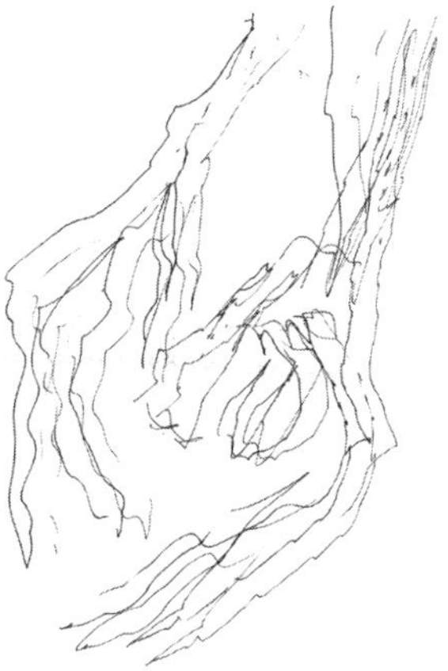

cruauté —, cependant qu'elles nous inciteraient à reconduire ces caractères très singuliers à des configurations solaires, martiennes, saturniennes, mercuriennes…

« La question n'est donc pas : "Est-ce que j'y crois ? Cette chiromancie me convainc-t-elle ?" Mais plutôt : pourquoi des hommes, de tout temps, en toute contrée, ont-ils éprouvé le besoin, le désir de croire en cela ? Pour quelle raison leur est-il apparu nécessaire — à propos de la main de l'homme — d'imaginer des liens qui unissent la singularité, l'unicité de celui-ci (et donc, son caractère très contingent, très dérisoire), et des références si vastes, si universelles, qu'elles finissent par le pourvoir — en sa solitude — d'une nécessité cosmogonique ? »

L'homme se lève. Met les mains dans les poches. Cette émission, à la radio, finalement, ne l'intéresse pas. Il fait les cent pas dans la pièce puis, d'un coup, décide de sortir. Dehors, l'air vif le prend au visage. Ses pensées se gèlent. Ses mains, au chaud dans leurs gants, lui donnent un sentiment de bien-être. De sécurité. Il marche, et voici que lui viennent à l'esprit, non des idées, mais des images. Des scènes de films. L'hiver russe. Le siège de Leningrad. Les soldats mourant de froid, dans les deux camps, recouvrant leurs pieds, leurs mains, de linges souillés de boue.

La scène change. C'est un autre film. Visconti : *Mort à Venise*. La main du vieux musicien, mourant sur une plage du Lido, tendue vers l'adolescent qu'il aime, tendue vers la vie qui le quitte et qu'il abandonne. D'autres mains, encore. Main de sang, laissée sur un mur de chaux par un combattant expirant, imprimant sa mort tandis qu'il s'affaisse. Mains d'enfants mendiant sous l'œil d'une caméra, durant la guerre d'Espagne. Main de Picasso dessinant furieusement sur une paroi de verre, perçue par transparence dans le film de Clouzot. Mains suppliantes de Falconetti suppliciée dans la *Jeanne d'Arc* de Dreyer. Mains tremblantes de vieux. Mains crispées de fous. Mains de femme sur un corps d'homme. Main d'homme. Main de mère. Main d'adieu. Main d'amour. Main de dignité. De cruauté.

Défilé de mains. Précipité de gestes, d'attitudes, de couleurs. Kaléidoscope d'existences, d'aventures exprimées par des mains. L'homme marche. Ses pieds refroidissent. Ça ne fait rien : marcher lui fait du bien. Il accélère : à dix degrés sous zéro, les lignes de la main auxquelles il songeait tout à l'heure, ces ambivalences de ce qui se tend ou se replie, de ce qui caresse ou torture, de ce qui s'affirme comme sujet ou de ce qui se chosifie, de ce qui s'avère unique ou se pose comme universel, tout cela ne lui importe plus tant.

Retour chez lui. Entre ses murs. Son café, entre ses mains. Il le pose. Voici qu'elle s'ouvre, sa droite ; se tend vers le fond de la pièce, vers le paysage par la fenêtre. Voici qu'elle se referme, sa gauche ; qu'elle se replie sur ses secrets. Et le voici, lui, debout entre ses mains, se demandant s'il ne pourrait pas écrire, à leur propos, quelques pages.

Pierre Bertrand

# Les mains immanentes

NOUS VOULONS PARLER DE CES MAINS INVISIBLES OU INTÉRIEURES QUI NE FONT qu'un avec notre corps ou notre être entier. Certes, les mains occupent une place privilégiée dans le corps. Découlant de la position debout qui a libéré les pattes antérieures de la marche, elles permettent une intervention fine dans le monde. Grâce à elles sont construits les premiers outils et, avec eux, prend naissance la culture par laquelle l'homme se distingue des animaux. Les mains en ce sens sont la marque de l'*homo sapiens* et non seulement de l'*homo faber*. Elles se trouvent donc dans un rapport privilégié avec le cerveau. Leur libération de la fonction de la marche, leur développement et leur raffinement pour la fonction de la préhension, de la manipulation et de la fabrication stimulent le cerveau en même temps qu'elles incarnent immédiatement les avancées de ce dernier.

Du point de vue immanent, les mains ne sont pas séparées du reste du corps. Mieux encore, elles sont une des plus belles illustrations de l'identité corps-esprit. Les mains en effet, tout en étant corps de part en part, sont intelligentes. Elles ne sont pas l'instrument docile d'une intelligence se trouvant ailleurs, mais l'intelligence s'incarne dans les mains mêmes. Ce sont elles qui touchent, tâtonnent et trouvent, qui forment et qui transforment. L'intelligence s'est bien sûr sophistiquée et spécialisée, mais sa structure de base demeure la même depuis les temps primitifs. Elle appartient au corps entier, de manière inconsciente quand il s'agit par exemple du cœur ou de l'estomac, acquérant une conscience primaire dans les parties fonctionnant à l'instinct comme les jambes, les pieds et les mains. Le cerveau a beau être l'organe central, il ne cesse d'être en interaction avec toutes les parties du corps. Les mains, de par leur finesse, occupent une position importante, non pas tellement en extension, mais en intensité. Que serait le génie du peintre, celui du musicien ou celui de l'écrivain sans les mains pour l'incarner ? C'est immédiatement que les doigts et les mains prolongent le cerveau. Ce sera telle ligne ou telle couleur sur la toile, telle mélodie, tel style, telle phrase. Ce sont les mains elles-mêmes qui agissent ou créent. L'intelligence ne leur vient pas d'ailleurs. L'esprit ne fait qu'un avec le corps vivant et n'est pas une instance séparée le dirigeant ou le commandant. Sans l'esprit, le corps est mort. Sans l'esprit ou l'intelligence, les mains sont mortes et cessent d'agir et de créer. Nous admirons les mains des grands artistes, que ce soit Picasso, Glenn Gould, Giacometti. Tout aussi admirables sont les mains de l'artisan et celles du simple travailleur — menuisier, plombier, mécanicien…

Nous sommes en admiration devant celui qui est habile de ses mains, peu importe le domaine dans lequel il œuvre. Les mains sont naturellement créatrices, autant celles du travailleur dit manuel que celles de l'artiste. C'est par les mains que l'homme laisse sa marque sur le monde, qu'il transforme celui-ci selon ses besoins et ses désirs. Les mains ont quelque chose d'impersonnel en ce qu'elles sont toutes reliées à une intelligence qui est elle aussi impersonnelle, l'intelligence du corps reliée à l'intelligence de la nature, immanente à la nature et dont l'homme fait partie. En ce sens, les mains accomplissent une œuvre universelle, marquée chaque fois au coin de l'humain. Mais l'humanité, c'est aussi la multiplicité des perspectives et des sensibilités. L'artiste, l'artisan et le travailleur, tout en accomplissant une œuvre ayant un sens pour l'homme en général, colorent cette œuvre de leur touche individuelle. Ils y laissent une part de leur corps, de leur âme ou de leur esprit. De même qu'en dépit de leur structure commune il n'y a pas deux paires de mains absolument semblables, il n'y a pas deux travaux manuels identiques. Un certain art, une certaine manière, un certain style, une certaine touche, un certain doigté s'y retrouvent toujours, comme ils se retrouvent dans le visage et ce que celui-ci exprime, comme ils se retrouvent dans l'individualité vivante et tout ce qu'elle accomplit avec toutes les parties du corps. En ce sens, les mains portent loin. Certes, elles touchent le plus près d'une manière directe et immédiate et en cela aussi elles illustrent à merveille la relation entre l'esprit et le corps, où l'esprit est d'autant plus intelligent qu'il est lié au corps et où le corps est d'autant plus vivant qu'il est tout entier mû et traversé par l'esprit, par la passion ou par la vitalité.

Les mains n'établissent pas la division ou la séparation qu'opère la pensée. Elles entrent en contact de l'intérieur avec le monde, elles sont de même substance que lui et c'est pourquoi elles peuvent si facilement épouser ses lignes de force, le comprendre dans ses plis et ses aspérités, faire corps avec lui et produire une œuvre qui fait également corps avec lui. Les mains sont athées en ce qu'elles réfutent de manière vivante et silencieuse la prétendue extériorité de la puissance divine vis-à-vis de la nature. Elles montrent que si intervention il y a sur celle-ci, pour la corriger, la transformer, y créer quelque chose de nouveau, cette intervention se fait *dans* la nature, de l'intérieur, par un lien ou un contact immédiat, et non par la médiation d'une transcendance. C'est au contraire parce que le lien est brisé qu'une transcendance apparaît nécessaire pour le rétablir. Mais rien n'y fait, la transcendance brise d'abord le lien avant de chercher à le rétablir. L'usage des mains précède l'apparition des dieux. D'ailleurs, ce sont elles qui les sculptent. Les mains elles-mêmes sont sacrées ou divines en tant qu'elles appartiennent au corps et à la nature, qu'elles sont une des plus belles manifestations de la puissance de l'un et de l'autre. Les mains sont nues, bien qu'elles s'adjoignent vite des outils et des prothèses afin d'étendre et de multiplier leur pouvoir. La technique signe-t-elle la fin du règne des mains, ou ne s'inscrit-elle pas au contraire comme un maniement ou une manipulation décuplée ? Œuvre des mains vivantes et intelligentes, partie prenante du corps-esprit, la technique est l'apothéose des mains, loin qu'elle prenne le relais de celles-ci et qu'elle les renvoie à la préhistoire. D'ailleurs, la technique exige elle-même de nouvelles manipulations, plus fines et subtiles, car elle devient un nouveau monde sur lequel les mains nues et vivantes de l'homme interviennent pour corriger, transformer et créer de nouveaux moyens et de nouveaux liens. Il est clair sur ce plan que les mains dont il est question sont celles de l'humanité et non seulement celles d'un individu singulier. Cependant, ce dernier est toujours présent puisque l'humanité ne s'incarne que dans des individus, comme l'esprit s'incarne dans le corps et l'intelligence dans les mains. Toute manipulation s'avère donc singulière en même temps qu'universelle. C'est d'ailleurs là la caractéristique de toute œuvre forte, qu'elle apparaisse dans le domaine des arts ou dans celui des techniques : elle a un sens pour l'homme en même temps qu'elle incarne une habileté et un doigté — une sensibilité et une intelligence — singuliers.

Certaines œuvres sont plus valorisées que d'autres. Elles manifesteraient davantage l'esprit ou la pensée. En ce qui concerne par exemple les temps préhistoriques, les tracés d'animaux sur les parois des grottes nous apparaissent plus élevés ou plus spirituels que les manipulations faites sur les pierres taillées. C'est ainsi également qu'un Léonard de Vinci tentait de marquer la supériorité de la peinture sur la sculpture. La première serait chose mentale alors que la seconde serait plutôt chose corporelle. La peinture ne sollicite que le bout des doigts alors que la sculpture met à contribution les mains, les bras, le torse et les jambes, et elle est beaucoup plus salissante. Une même hiérarchie peut être établie entre les œuvres de l'art et celles de l'artisanat pris au sens large, à savoir incluant tous les métiers où les mains interviennent de manière essentielle. Mais une telle séparation ou hiérarchie ne participe-t-elle pas du vieux dualisme platonicien et chrétien, où le corps se voit mis dans une position subalterne en regard de l'esprit ? Le dualisme n'est qu'une croyance. Il s'inscrit dans un rapport de forces où l'homme tente de prendre des distances à l'endroit de sa nature ou de son animalité, en même temps qu'il est une manifestation éloquente d'un certain égocentrisme et narcissisme humains. Alors que les animaux sont corps de part en part et de ce fait voués tout entiers à la mort, l'homme serait doté d'un appendice surnaturel et immortel. L'on sait à quels combats internes et stériles un tel dualisme a donné lieu. Il est à la source de bien des prétentions et des hypocrisies. Il est au moteur de l'idéalisme, courant dominant en philosophie et tentative de la pensée, comme fragment du corps, d'acquérir l'hégémonie sur celui-ci. Le dualisme est le symptôme d'un développement excessif de la pensée au détriment du reste du corps — au détriment de la sensibilité et de l'intelligence du corps entier. L'intelligence se sépare, comme Dieu se sépare de la nature, elle devient l'affaire d'une instance appelée âme ou esprit, le corps quant à lui étant relégué dans les bas-fonds de l'instinct, des besoins et des désirs. Le haut lutte contre le bas. Il ne s'agit en fait que d'un combat d'idées et d'idéaux, combat intérieur à la pensée et qui ne cesse de la déchirer, la rendant malade et névrosée. Paradoxalement, c'est dans la mesure où la pensée se sépare du corps qu'elle perd le lien vital et immanent avec lui, qu'elle prétend se situer au-dessus de la mêlée, trônant dans quelque ciel des idées, qu'elle s'avère la plus bête, obnubilée par ses projections et ses désirs, incapable de comprendre la nature dans laquelle elle se trouve, détruisant celle-ci sous prétexte de la maîtriser et de la posséder, se détruisant par conséquent elle-même, ne lui restant comme prix de consolation qu'une bien hypothétique immortalité dans une dimension purement intellectuelle ou spirituelle.

Quoi qu'elle fasse et quoi qu'elle veuille, la pensée demeure liée au corps par toutes ses fibres. Elle n'est jamais qu'un outil du corps, appartenant à l'esprit ou à l'intelligence de ce dernier. La hiérarchie établie et qui se continue dans la valorisation des métiers dits intellectuels au détriment des métiers manuels dépend d'un système de valeurs — qui traduit aux yeux des hommes comment les choses *devraient* être et non ce qu'elles sont. En fait, la pensée, aussi savante et sophistiquée soit-elle, appartient au corps, celui-ci n'est donc pas une réalité inférieure, il n'est pas justiciable d'une description réductrice en termes uniquement physiques, chimiques et biologiques, aucun point de vue ne parvenant à le saisir en son entier puisqu'il est lui-même la condition de tous les points de vue. Au-delà de ce qui est à expliquer, le corps, désignant ici l'être entier, est *ce qui* explique. C'est à l'intérieur de celui-ci que la pensée apparaît et se développe, ne pouvant d'ailleurs jamais briser ses liens avec lui, comme elle ne peut jamais briser ses liens avec l'animalité, avec la vie et avec la terre. La hiérarchie établie entre le domaine intellectuel et le domaine manuel dépend donc d'une longue histoire parsemée de guerres et de conflits de toutes sortes. Les religions trouvent leurs lettres de noblesse en ce qu'elles se présentent sous la bannière de l'âme séparée, promise au plus brillant avenir. Elles tentent de prolonger et de raffiner la domination de l'âme ou de la pensée sur le corps. La caste des prêtres est la plus intellectuelle de toutes, suivie sur les talons par celle des philosophes idéalistes. Elle voudrait marquer le triomphe final et définitif de la partie haute de l'homme sur la partie basse, alors même que cette dernière ne cesse de diriger en sous-main les visées et les menées des individus en chair et en os qui composent ces castes.

C'est donc avec injustice, il nous semble, qu'une hiérarchie sociale, économique et morale est établie entre les œuvres des artistes et celles des artisans et des travailleurs dits manuels. Si les dernières traversent moins le temps que certaines des premières, cela n'est pas nécessairement le signe de leur moindre valeur. Ou disons qu'un certain système de valeurs privilégie ce qui traverse le temps sur ce qui passe. C'est le même système qui met l'âme immortelle au-dessus du corps mortel, qui confère une valeur a priori à la tradition, de même qu'aux institutions dans lesquelles elle s'incarne de manière privilégiée — au premier chef l'Église et l'État. Mais à ce prix, c'est toute l'existence humaine éphémère qui est dévalorisée au profit de certaines idées, c'est le présent vivant, fugitif ou insaisissable, qui est laissé de côté au profit d'un passé figé et immortalisé. N'y a-t-il pas dans une telle hiérarchie, ainsi que dans le dualisme sur lequel elle se fonde, un profond nihilisme ? N'est-ce pas toujours la vie fragile, incertaine, tâtonnante, trébuchante, vieillissante, mortelle qui est dévalorisée, au profit d'une instance stable, permanente — qui n'est en fait qu'un produit de cette vie ?

Même quand les mains se joignent pour prier le ciel et le dieu qui y trône, alors même qu'elles se tendent vers le Très-Haut, n'est-ce pas leur blancheur, leur délicatesse, leur vulnérabilité, leur côté terre à terre qui nous frappent et qui frappent d'ailleurs le peintre qui nous les donne à voir ? Alors même que les mains s'affairent sur le piano pour délivrer un son susceptible de nous transporter au septième ciel, n'est-ce pas les mains fragiles, faites de peau, de sang et d'os, qui nous émeuvent dans leur désir de s'élever elles-mêmes au-dessus de leur condition mortelle ?

Les mains sont spontanément religieuses. Elles relient aux autres — notamment par la poignée de main, mais aussi par tous les signes qu'elles font, tous les touchers — et elles relient au monde par tous les maniements, toutes les préhensions, toutes les saisies, toutes les manœuvres. Une telle relation ne se fait d'ailleurs pas que dans l'amour. Pour le dire de manière imagée, si les mains bénissent, elles peuvent aussi étrangler. Comme l'homme entier dont elles sont le mode de contact privilégié avec les autres et avec le monde, elles sont capables du meilleur et du pire. Les mains créent et détruisent. Avec le développement technologique, elles se sont raffinées. Les manipulations deviennent subtiles. Il suffit parfois d'appuyer sur un bouton pour qu'une opération complexe, qui aurait exigé naguère d'impossibles manipulations, s'enclenche. Même dans le cas où l'action est prise en main — si l'on peut dire — par la machine, les mains humaines demeurent le lieu de contact privilégié entre la vie et la matière. Même si les mains n'interviennent que pour effleurer ou caresser, elles portent la vie et demeurent en ce sens sacrées, faisant le lien immanent là où la pensée et sa créature, Dieu, tentent en vain d'établir le lien là où d'abord ils l'ont brisé. Quant aux mains, même pour briser le lien, elles doivent d'abord l'établir, elles prennent d'abord contact, elles touchent d'abord ou font signe d'abord. Il s'agit là d'un culte primitif d'une religion naturelle, où sacré et vie ne font qu'un.

Il faut toujours faire attention que des traits spécifiquement humains ne servent pas à enfermer l'homme dans sa bulle et à le séparer du reste de la nature. C'est ce qui s'est passé avec le visage. Celui-ci est devenu la prérogative de l'homme et lui a servi à se séparer des animaux, jetant ces derniers, avec leur gueule ou leur museau, dans l'infériorité. Les mains peuvent de même servir à conforter un certain anthropocentrisme : les animaux en général, du fait de n'avoir que des pattes — à l'exception des grands singes, chimpanzés, gorilles et orangs-outangs, qui eux aussi auraient un pouce opposable, d'où certaines tentatives de les rapprocher des humains, et à l'exception aussi bien sûr d'autres animaux sans pattes et sans mains, tels les baleines ou les dauphins, évoluant pour la plupart dans le milieu liquide — seraient condamnés à demeurer collés à la terre et à ne pouvoir se dresser, comme les hommes, vers le ciel — autant le ciel physique où se trouve le soleil que le ciel intelligible des philosophes où se trouvent les Idées et que le ciel paradisiaque des religions où se trouvent les âmes immortelles. Le danger est en effet toujours grand pour l'homme d'interpréter l'un de ses signes caractéristiques comme une marque de supériorité justifiant le mépris et le mauvais traitement qu'il inflige aux animaux. Si ceux-ci n'ont pas de mains et pas de visage, ils ont tout de même pour la plupart une tête — pourrions-nous en dire autant de tous les humains ? — ainsi que d'autres modes de contact avec les autres et avec la nature. Leur intelligence, bien que différente, n'est pas moindre que celle des humains. Nous pouvons nous émerveiller de ce que nous avons, mais à la condition de demeurer ouverts à ce que d'autres vivants peuvent avoir. Là où les mains font le lien, la pensée ne doit pas le briser.

Le lien d'amour, d'amitié, de sympathie ou de compassion est bien sûr plus grand que le lien de haine, de rupture, de blessure et de mort. Les mains sont certes capables des deux. Elles peuvent tout aussi bien détruire que créer, tout aussi bien blesser que prodiguer des soins, tout aussi bien accueillir que rejeter, tout aussi bien heurter que caresser. Les mains ne doivent pas manipuler à tort et à travers, mais elles doivent se faire intelligentes, intervenir à propos, demeurer à l'écart, ne pas saisir et ne pas toucher là où la manipulation ne peut être que conflictuelle et destructrice. Les mains doivent se faire discrètes. Bien que de nombreux stéréotypes de gestes existent, selon les cultures et les traditions, pour l'essentiel aucun modèle de comportement n'existe pour les mains, elles doivent inventer une nouvelle manière de toucher ou de saisir au fil des événements et des instants vivants et imprévisibles. Si une grande part des mouvements des mains est presque instinctive et inconsciente, une marge de création subsiste où de nouveaux gestes et de nouveaux mouvements demeurent possibles. Ont-ils tous une signification ou n'apparaissent-ils pas comme les mouvements d'un oiseau ou d'un nuage, sans qu'une signification précise leur soit jointe ? Peut-être les mains échappent-elles en effet, comme les autres parties du corps d'ailleurs, à la signification ou à la raison que tente de traquer la pensée afin d'y voir clair. Les mains tâtonnent dans la nuit et c'est parce qu'elles n'y voient pas clair qu'elles se tendent en avant afin de deviner les obstacles et de trouver les issues. L'intelligence dont elles sont dotées est silencieuse et émane de l'ignorance. La lumière qu'elles irradient est obscure. C'est dans le silence et l'obscurité que les mains se prennent et se serrent, dans le silence et l'obscurité qu'elles empoignent un corps, dans le silence et l'obscurité qu'elles le caressent. Un tel silence et une telle obscurité débordent tout sens et toute idée claire et distincte. Le geste échappe à l'interprétation. Une certaine intelligence immanente, affective, s'avère plus vaste qu'une intelligence trop exclusivement conceptuelle, analytique ou rationnelle.

Du point de vue d'un regard extérieur, la personnalité de quelqu'un s'identifie à son visage. On ne peut faire la différence entre les deux. Des lèvres charnues indiquent la sensualité. De beaux grands yeux sont le signe d'une profondeur cachée. Un grand front marque l'intelligence. Chaque mimique exprime une émotion, laisse deviner une intention et une idée. En est-il de même des mains ? Des mains solides ou délicates, rêches ou douces, meurtries ou lisses, des doigts longs ou courts, des ongles sales, des ongles rongés ou soignés et vernis — ou encore le port de faux ongles qui uniformisent ou standardisent les mains —, la saillie des veines, les taches de vieillesse, etc., ne sont-ils pas tout aussi éloquents que les traits et les mimiques d'un visage ? Tout aussi éloquents et tout aussi trompeurs sans doute, car s'ils signifient ou incarnent ceci ou cela d'un point de vue extérieur, il ne faut pas oublier qu'ils n'ont de réelle existence qu'en intériorité, en tant que vivants. Le visage et les mains ne se voient pas mais s'éprouvent. D'un point de vue immanent ou vivant, le visage n'a pas de figure, pas de forme, pas de traits, même pas d'organes distincts, comme les yeux, le nez, la bouche, les oreilles, mais n'existe que comme activité et passivité, que comme éprouver et auto-éprouver, que comme vie, visage vivant ou corps vivant, regardant, goûtant, embrassant, avalant, sentant, respirant, écoutant. Ce corps vivant ne se voit pas, il ne peut donc faire de lien en ce qu'il est ou éprouve et son apparence. De même pour les mains. Elles sont tout entières dans ce qu'elles font ou ne font pas, dans leur inertie, dans leurs gestes, dans leurs mimiques à elles aussi, dans leur action de toucher et de prendre. Elles n'ont pas d'apparence, et s'il est plus facile pour la personne vivante de voir ses mains que son visage, l'apparence des mains ne signifie rien pour elle. En fait, même si elle fixe les yeux dessus, voit-elle vraiment ses mains ? Elle ne les voit pas vraiment, elle *est* plutôt ses mains, celles-ci sont d'emblée vivantes, ne faisant qu'un avec le corps entier ou la personne entière, en tant qu'elle n'est pas séparée d'elle-même et par conséquent ne se voit pas elle-même comme un autre peut la voir. Il ne faut jamais confondre la vie réelle et celle qui est perçue de l'extérieur, vie objectivée qui n'est qu'une idée ou qu'une image de la vie. La vie n'a d'autre lieu et d'autre temps qu'en elle-même, en son éprouver et son auto-éprouver — en sa lumière obscure, en sa transparence opaque, si nous pouvons nous permettre ces oxymores. Là où elle se trouve, aucune image n'est exacte, aucune proposition n'est vraie, n'est vraie que la réalité ou que la vie même invalidant tout discours, inaccessible à toute science qui ne peut se rapporter qu'à un objet. Tous les traits de caractère perçus sur les traits du visage ou sur la forme des mains sont donc superficiels eu égard au mouvement vivant même. Ils transforment en images et en idées ce qui ne se connaît pas lui-même, ce qui s'éprouve ou s'expérimente, se saisit ou se prend sans se comprendre.

Si les mains parlent, c'est au sens des premiers philosophes, en indiquant, en faisant ou en donnant signe — en pointant du doigt. La signification demeure par conséquent toujours énigmatique, toujours encore à interpréter sans qu'on puisse jamais être certain du sens ou de la direction de l'indication. S'agit-il d'un pur mouvement instinctif, irréfléchi des mains, ne faisant que signe — d'un signe qui ne signifie rien — ou n'est-ce pas le corps entier, inconscient, silencieux qui donne signe, même si ce signe ne renvoie à aucune image et à aucune idée ? Le langage du corps — si le mot langage peut ici s'appliquer autrement que métaphoriquement — ne sollicite pas la pensée comme le langage articulé, il ne pointe pas en direction d'une signification comme les énoncés ou les propositions du langage courant, il ne peut même pas se traduire en mots, il affecte une autre intelligence que celle, spécialisée, de la raison analytique, logique et instrumentale — qui est aussi la raison des philosophes et des savants —, il est la manifestation directe et immédiate de l'intelligence du corps entier, intelligence ne faisant qu'un avec le fait que ce corps est vivant, c'est-à-dire qu'il est précisément corps, et il s'adresse de manière aussi directe et immédiate à l'intelligence de l'autre corps. Parallèlement à la communication verbale, se fait donc une tout autre communication qui demeure dans le non-dit, où de tout autres vérités sont perçues, certaines d'entre elles réfutant d'ailleurs celles qui sont proférées. Les corps se voient, se touchent, se sentent, se questionnent, se devinent, se provoquent, se séduisent, s'attirent et se repoussent, exprimant d'emblée une réalité beaucoup plus englobante que celle enclose dans l'univers du discours. Impossible de traduire ces échanges multiples, complexes et subtils dans une proposition du langage articulé. Alors que les regards se croisent et que les paroles s'échangent, le contact des mains dans la poignée de main — sa force ou sa douceur, sa durée, son intensité, son automatisme — établit une communication directe et silencieuse de corps à corps, irréductible à toute mise en mots. Il n'est donc pas possible de maîtriser les mains, de les survoler, de les décrire ou de les expliquer de manière exhaustive ou adéquate. Elles ont leur logique, leur « langage », leur manière de signifier ou de faire signe qui est, d'un certain point de vue, de la nature du bruit d'un cours d'eau, de la forme d'un nuage, du mouvement de branches et de feuilles poussées par le vent. Il ne faut pas trop se presser de leur donner un sens qui les assimile à un échange ou à un langage qui ne sont pas les leurs. Il faut, au-delà des discours, leur laisser toute leur marge de manœuvre pour nous surprendre et nous dépasser, nous mettre ainsi en contact avec une logique ou une intelligence que notre intelligence spécialisée, raisonneuse, rationnelle ou raisonnable, ne peut pas comprendre, ne peut pas exprimer et ne peut pas traduire. Les mains dans leur habileté, leur grâce et leur silence, dans leur modestie et leur grandeur, participent de l'inconnu ou du mystère d'où nous venons, où nous allons et dans lequel sans cesse nous nous trouvons.

Si les mains sont négligées en regard du visage, les pieds le sont bien davantage. S'il est vrai que les pattes d'en avant sont devenues mains, celles d'en arrière sont devenues pieds. Certes, les pieds sont-ils plus près des pattes que les mains. Ils ne se sont pas libérés autant qu'elles, il sont demeurés attachés à la terre, étroitement unis à celle-ci, alors que les mains se tournaient vers le ciel dans l'espoir d'une libération plus grande encore, une libération de l'âme à l'endroit de tout le corps. Cependant, l'homme demeure irrémédiablement attaché à la terre. Ses pieds notamment le ramènent sur terre et contrebalancent les élans des mains fabricatrices de dieux et d'idoles. Les doigts de pied sont pataudes en regard des doigts de main. Le gros orteil ne s'oppose pas aux autres comme le pouce. Si les orteils peuvent prendre ou saisir, c'est de manière malhabile et pour rire. Si les mains ne cessent de se montrer, les pieds sont plus discrets. Ils sont souvent recouverts, comme si l'homme en avait un peu honte, comme s'ils le ramenaient sur le plan du reste des animaux, alors que les mains et le cerveau cherchent au contraire à s'en démarquer, faisant de l'homme le plus habile et le plus rusé des animaux. Si les mains représentent l'âme, les pieds sont tout entiers du côté du corps, enracinant celui-ci dans la terre. Parce qu'ils indiquent la fragilité de la vie humaine, mettant celle-ci sur le même plan que celle des autres vivants, les pieds sont émouvants. Ils ont quelque chose de foncièrement modeste, alors que les mains ont parfois dans leur gesticulation grandiloquente quelque chose de prétentieux, cherchant à mettre en valeur, à prouver, à convaincre et à vendre. Quant aux pieds, ils continuent leur petit bonhomme de chemin en dépit de toutes les prétentions et de toutes les préhensions des mains. Peut-être parce qu'ils sont négligés, les pieds, quand on les regarde attentivement, ont quelque chose d'étonnant. Que de finesse et de délicatesse dans leurs courbes, dans la multiplicité de leurs os, dans les mouvements subtils des orteils lors de la marche. Si les mains caressent, les pieds se laissent caresser. Si les mains sont actives, les pieds sont plutôt passifs, étant du côté de l'accueil et de la réceptivité. Par ailleurs, les pieds sont tout aussi immanents que les mains. Nous nous laissons porter par eux sans y penser. Ils sont tout aussi constitutifs de notre être que nos mains et notre tête. Sans eux d'ailleurs, de manière générale, celle-ci n'irait pas bien loin. De même que la tête est d'abord intérieure, n'étant extérieure que du point de vue d'un regard lui aussi extérieur, les pieds ne font qu'un avec le corps entier. Nous n'avons pas de pieds, mais nous *sommes* les pieds. Cela est également vrai des mains et du visage. Nous n'avons pas de visage — si ce n'est pour les autres —, nous *sommes* visage. Nous ne pensons pas pour autant avec les pieds, mais ceux-ci, comme le corps entier, sont dotés d'une intelligence immanente n'ayant rien à envier à l'intellect spécialisé de la tête. Nous mettons en parallèle les pieds et les mains, car ils sont les deux côtés du même être, ils représentent les deux pôles de sa nature. Au point de départ, peut-être sont-ils semblables, comme ils le sont souvent dans le monde animal. Si l'homme se démarque par ses mains, il demeure animal par ses pieds. Il doit donc y avoir un subtil équilibre ou une fine harmonie entre les deux extrémités de son être. Si les mains et le cerveau écrasent les pieds, l'homme ne peut plus avancer, aussi loin puisse-t-il aller par ailleurs dans son désir ou dans son fantasme. D'un autre côté, les pieds sont tout aussi érotiques que les mains. Les doigts de pied sont tout aussi fins, tout aussi étonnants que les doigts de main. Peut-être le sont-ils même davantage, car ils sont plus souvent cachés, il faut se pencher pour les voir, alors que les mains sont partout. Les pieds, comme la nature selon Héraclite, aiment se cacher. Leur révélation en est d'autant plus touchante. S'il est vrai que les mains occupent le haut du pavé — imaginerait-on un collectif d'intellectuels sérieux se penchant sur les pieds ? —, elles ne doivent pas complètement jeter dans l'ombre les pieds, même si ceux-ci ont un penchant naturel pour l'ombre. Mais l'ombre, justement, est tout aussi nécessaire que la lumière. L'homme ne peut voler haut dans le ciel des idées que si ses pieds le portent fermement sur terre. C'est des pieds et des mains que l'homme doit lutter s'il veut avancer.

C'est toujours d'une manière artificielle que nous séparons un membre ou un organe du reste du corps. Du point de vue vue du corps vivant, qui est le point de vue fondamental dans lequel tous les autres points de vue particuliers ou spécialisés s'enracinent, les mains ne se détachent pas des bras qui ne se détachent pas des épaules qui ne se détachent pas du thorax qui ne se détache pas du bassin qui ne se détache pas du sexe qui ne se détache pas des jambes qui ne se détachent pas des pieds. Plus encore, chaque organe n'est pas défini pour lui-même, mais chaque fois qu'il y a action, c'est celle du corps vivant entier. De même, jamais n'est faite la distinction entre l'esprit et le corps. Du point de vue de l'être vivant, corps et esprit ne font qu'un. C'est d'un seul tenant que nous éprouvons et que nous sourions, rions ou pleurons, d'un seul tenant que nous pensons et que nous faisons tel geste de la main, d'un seul tenant actuellement que les mots viennent et que les doigts frappent les lettres sur le clavier de l'ordinateur. Nous ne sommes pas davantage dans une partie de notre corps que dans une autre. Nous nous trouvons autant dans nos pieds, dans nos mains que dans notre tête. Les organes ne jouent certes pas les mêmes rôles, mais c'est d'un point de vue second, extérieur, que ces rôles sont définis, alors qu'au fil des instants vivants, c'est le corps entier qui pâtit et agit. Ce n'est que secondairement que nous disons que nous avons un corps. D'un point de vue fondamental, nous sommes corps de part en part. Ce n'est que du point de vue secondaire de la pensée que la séparation ou la division se fait. Avant la pensée, dans une dimension qui donne même naissance à celle-ci, qui la rend possible et qui ne cesse de la soutenir, il y a l'action ou la passion de sentir et de se sentir, d'éprouver et de s'éprouver, d'être en rapport immédiat à soi, aux autres et à ce qui est ou ce qui arrive — la passion ou l'action de penser, de voir, d'entendre, de toucher, de marcher. Les mains sont tout aussi éloquentes que les paroles, tout aussi expressives, tout aussi signifiantes ou insignifiantes, tout aussi vraies ou fausses. Ou encore, il y a une vérité première qui ne fait qu'un avec la vie et qui échappe à toute mise en mots, celle-ci ne pouvant tout à la fois que l'approcher et la rater. Sans doute y a-t-il quelque chose de paradoxal à *dire* les choses ainsi. Cependant, s'il faut chercher à penser et à dire malgré tout, le paradoxe devient incontournable. En même temps qu'il y a pensée et parole, sont indiquées les limites de celles-ci.

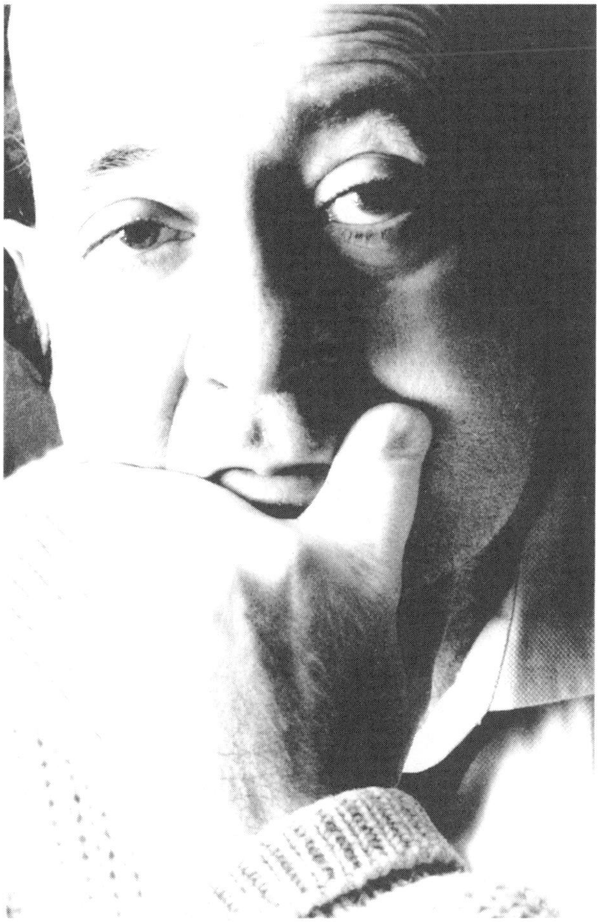

*Gérald Godin, poète et homme politique*

Jean A. Nisole

# Petite rhapsodie pour deux mains

Mes mains, pendant des années, ont couru sur les trois claviers d'un orgue romantique — un Cavaillé-Coll, m'a-t-on assuré —, et elles ont tiré les commandes mécaniques des jeux, avec la vigueur qu'exigeait leur grand âge. À vrai dire, le mécanisme des claviers était, lui aussi, faussé par quatre-vingts années de bons et loyaux services, sans oublier un léger gauchissement du buffet. Je ne parlerai pas des efforts requis par le pédalier ou les innombrables tirasses : ce sont les mains qui sollicitent mon attention et ma mémoire, pas les pieds... Cet orgue qui chantait en l'église où Roland de Lassus, Orlando di Lasso, avait été enfant de chœur, cet ami rebelle, cet ennemi parfois, cet ancêtre à la santé fragile, je le connaissais intimement non par mes oreilles, mais par mes mains. Mes mains ont dû apprendre à le respecter comme on respecte une personne, un vieil homme noble. Elles acceptèrent d'abord sa lenteur à répondre aux sollicitations ;puis elles composèrent avec ses crises d'arthrite ou d'hydropisie, voire de paralysie (qui ne connaît que les orgues à commandes électropneumatiques ne sait rien de son instrument, ses mains en sont irrémédiablement éloignées par le progrès technique…).

Mes mains ont couru sur différents pianos, depuis mon enfance, apprenant là encore à reconnaître leur *personnalité* : irrémédiablement creuse et dépourvue de passion, ou prête à chanter mais avec un lyrisme un peu lourd, ou encore, dans le Bösendorfer d'un ami très cher, mystérieusement enfermée en elle-même, endormie et attendant le prince charmant qui l'éveillerait… L'œil, ici, est impuissant à comprendre quoi que ce soit ; l'oreille n'entend que les qualités et les défauts immédiats, sans saisir aucune possibilité cachée, aucun « devenir » — j'encadre de guillemets ce dernier mot, car il peut sembler étrange que l'on parle du devenir d'un *instrument*, et pourtant… Seule la main peut ici saisir l'invisible et l'inaudible, le présent et le futur, le manifeste et le caché.

Et quelle expérience que de poser la main sur les pistons d'une trompette ! Le métal froid se réchauffe vite, il accueille ma main ; toutefois, il se comporte comme une femme qui se mettrait à me sourire, mais sans s'offrir, sans s'ouvrir… Mon cœur bat un peu plus vite, plein d'espérance — plein aussi de la terrible crainte d'une fausse note tonitruante. La main n'a rien à y voir : il est bien plus difficile d'enfoncer le mauvais piston que de frapper la mauvaise touche ! Les lèvres seront les responsables. En fait, ma main doit se résigner à sentir qu'elle est reliée à une vie et une personnalité qui lui échappent presque totalement : elle ne peut rien pour mon souffle et pour mes lèvres, comme elle ne peut rien pour adoucir ou enflammer la rigidité inexorable de l'instrument. Elle ne peut rien, certes, mais tout cela, elle le sent, elle me le dit…

Je n'ai pas soumis mes mains à la discipline répétitive, car j'étais un musicien naturel, capable d'apprendre par moi-même à jouer de n'importe quel instrument. J'en paie le prix, évidemment ! Certains traits d'une partition de Brahms me demandent un effort d'apprentissage décourageant. Mes pauvres mains sont forcées par ma volonté, et elles finissent par ressembler à un attelage surmené, indifférent aux coups, qui s'agite mécaniquement sans espoir de réussite. Si je reprends la partition deux ou trois jours plus tard, je découvre que mes mains obéissent aux notes avec une facilité navrante pour ma volonté : de la page écrite par Brahms à mon système nerveux central, puis de mon encéphale et de ma moelle épinière aux touches du piano, quelque chose s'est passé en dehors de ma volonté, de ma conscience, quelque chose qui passe et repasse par mes mains, d'abord rétives, puis consentantes…

J'entrevois donc une perception fine dans ma main, une perception *sagax*, dirait Paracelse, une perception « qui a du flair[1] », ainsi qu'une sorte de mémoire, qui tantôt s'offre à moi, tantôt se refuse — lorsque je suis trop avide, lorsque ma volonté est trop présomptueuse, trop arrogante. Ma main fut-elle *zen* avant que je ne le fusse ?

L'indépendance ou l'autonomie relative de ma main, main que je crois naïvement posséder puisqu'elle saisit ce que je veux prendre, caresse ce qui m'attire, frappe ce qui me révolte — l'indépendance ou l'autonomie relative de ma main en fait peut-être l'organe de la médiation par excellence. Suffisamment *moi* pour que je me sente en accord avec elle, suffisamment *autre* pour me faire sortir de mon enfermement, de ma fixation à moi-même. En ce sens, c'est l'organe par excellence d'*identification* à l'objet (ce qui ne veut pas dire *confusion*, bien entendu) : « La préhension consiste simplement à saisir, et le toucher est, je le suppose, le sens le plus primitif, mais c'est là que s'opère le plus évident phénomène d'identification ; aussi la préhension, la saisie au moyen de la main, est-elle nécessaire. La vision est le sens le plus intellectuel, suivie de près par l'audition, mais il existe une grande distance entre ces deux sens et leur objet, tandis que le toucher opère une identification immédiate. Nous devons expérimenter cela[2]. »

S'il est vrai que l'*erôs* est une extase, une « sortie de soi-même », cette extase est antérieure à l'expulsion de l'orgasme, qui peut d'ailleurs s'achever dans une certaine tristesse (*post coitum homo animal triste*)... La main qui saisit un sein ou un sexe, qui pétrit la chair de l'autre et s'acharne follement, est déjà extatique, car elle est puissamment identification avec l'autre (au sens de Suzuki, plus que de Freud, naturellement). Et n'avons-nous pas, parfois, l'impression que nos mains doivent *se résigner* à laisser la place aux sexes, comme si le désir qui les habite était trop grand pour elles, comme si elles voulaient être notre corps tout entier ?

Tout *sort* de l'œil, disait Nietzsche, *vom Auge aus*. Soit. Mais tout *rentre* par la main. La formule de Nietzsche est polémique, excessive, cependant, chez un génie, l'excès engendre des valeurs: il est la pointe de l'aiguille qui dégonfle nos outrances vaniteuses — et qui s'enfonce douloureusement dans nos fesses d'endormis pour nous réveiller... Impossible de répondre à une formule acérée sans croiser le fer, et sans lui opposer donc une autre formule polémique. *Tout* ne rentre évidemment pas par la main, toutefois la main est l'organe d'une « rentrée » privilégiée. Les bien-pensants voudraient sans doute éviter ces excès et chercher des formules douces, qui ne piquent personne, des formules sans excès, des formules tièdes. Mais voilà: « Puisque tu es tiède, ni chaud ni froid, je vais te vomir de ma bouche », dit le Seigneur (Ap 3, 16)...

Ce qui entre en nous est invisiblement, insensiblement filtré et déformé — alors que nous croyons n'être qu'accueil et bienveillance, ou, si nous avons des prétentions scientifiques, qu'objectivité et neutralité... La main, ici, peut devenir un *symbole* vivant, actif, efficace : « la main de mon âme », disait joliment saint Augustin, dans un texte où il préfigurait la psychologie (la plus fine) du vingtième siècle[3]. La main ou les mains de notre âme doivent s'abaisser pour rencontrer vraiment l'autre, car nous les levons si souvent pour repousser l'autre, voire pour le frapper, nous qui nous sentons toute bonté, toute générosité, ardents défenseurs de la « tolérance zéro » envers l'agressivité ! Romano Guardini, penseur immense et simple, que le culte de Martin Heidegger occulta, affirmait que « le premier acte » de l'ouverture à l'autre était « le geste d'abaisser les mains[4] ». Sans cet acte, sans ce geste, nous ne créons pas « l'espace libre dans lequel pourra se déployer [l'essence] de la personne ». Et, redisons-le, presque toujours, nous repoussons l'autre, explicitement ou secrètement, parce que, tout simplement, tout bêtement, il est *autre*... « Chacun reproche aux autres de n'être pas lui-même. C'est tout, mais c'est inexpiable. On ne cherche pas à comprendre une pensée étrangère. On la classe. *Transit classificando*. Ce qui se traduit aussi de cette façon : Il est en train de mourir d'une classification[5]. » Oui, la main qui repousse peut transformer son geste en un mouvement de classification ! C'est l'une des formes les plus élégantes du meurtre légal...

Abaisser les mains, donc, et ne les unir que dans le geste médiéval de la prière, qui joint les mains dépliées — elles sont alors inoffensives, tandis qu'une seule main raidie peut tuer. On retrouve ce geste priant dans le bouddhisme, dans l'un des *mudrâ* (gestes symboliques) communs à toutes les écoles, l'*Añjalimudrâ*, le geste de l'hommage. Mais, de la conception trinitaire de l'Un au rosaire, en passant par la nécessité divine de l'incarnation, la vieille Inde n'a-t-elle pas tout donné à la sphère religieuse ?

Bien entendu, la vie nous oblige à saisir certaines choses, à nous y accrocher parfois, ou à les repousser, voire à les frapper. Mais si nous recherchons la vérité et que nous aspirons à devenir nous-mêmes, nous devons nous souvenir sans cesse que les mains de l'âme sont polarisées par ces deux gestes, celui de l'accueil inconditionnel et celui de la prière. Les deux gestes ressemblent à l'anode et à la cathode entre lesquelles passe un courant électronique. Dans ce vide intermédiaire, dans la *tension* de ce vide, tous les gestes sont permis — car *tout* est permis, mais tout ne *construit* pas (1 Co 6, 12)... Toutefois, aucun geste n'est bon s'il ne s'insère pas dans la tension orante et accueillante. Et sans doute pourrait-on inscrire dans cette tension, à l'instar d'un pointillé, les principaux gestes bouddhiques[6], les principaux *mudrâ*, qui exigent tous des paumes offertes (ou, parfois, jointes) : geste de l'enseignement (*dharmacakramudrâ*), geste de protection (*abhayamudrâ*), geste du don (*varadamudrâ*), geste de la méditation (*dhyânamudrâ*), etc. Cet arc tendu entre les deux pôles serait à méditer, comme l'est, dans la Kabbale, le trajet d'*or eïn-sof*, la « lumière de ce qui n'a pas de fin », émanant de Dieu, et qui passe par dix *séfirot*, qui la « matérialisent »: Sagesse, Intelligence, Miséricorde, etc.[7].

La tension de la prière — attitude de reconnaissance de la divinité, et non pas récitation de formules dont on espère vaguement un effet magique[8] — et de l'accueil dépouillé de toute avidité a trouvé une expression remarquable dans les recommandations sapientiales du Christ:

> Mais toi, en exerçant ta justification,
> que ta gauche ne sache pas ce que ta droite fait,
> afin que ta justification soit faite en secret.
> Et ton père, le voyant du secret, te le rendra
> (Mt 6, 3-4).

Toi, dit Jésus, quand tu veux t'accorder à la mystérieuse volonté de Dieu, au mystérieux amour de Dieu, et c'est cela la *justification*, comme l'a si bien compris Martin Luther, tu dois t'intérioriser, c'est-à-dire écouter ton intériorité la plus intime et te soumettre à elle, au point que ta main gauche ne sache pas ce que fait ta main droite. Cette séparation symbolise celle du petit moi et de la part de divinité qui réside mystérieusement en nous-mêmes; non pas dans notre *memoria*, s'étonnera Augustin, dans notre Mémoire (avec majuscule obligée), et pourtant pas ailleurs que dans notre Mémoire…

Mais cette séparation n'est pas « géographique », « topique » (vocabulaire freudien), passive donc: il ne s'agit pas de territoires coupés l'un de l'autre par une frontière repérable. Il s'agit plutôt d'une séparation active, jamais acquise, donc à reconquérir sans cesse. Car l'être humain se ruine lui-même dès qu'il *s'installe* en quoi que ce soit. Dès lors, nous devons oser une certaine naïveté, à l'instar de celle que revendiqua sereinement Martin Luther — « chez les savants on me trouvera très enfant[9]… » —, et nous demander: que *font* donc ces mains séparées ?! De la gauche, celle du cœur, de la *memoria*, ne parlons pas: son action peut, certes, être entreprise, et, même, elle le doit, mais en tant que telle, elle est indicible. De la droite, nous pouvons dire ceci: dans les paroles de Jésus, il ne s'agit pas d'aumône, de don charitable, il s'agit, bien plus et bien mieux, de justification. Le don doit donc devenir *bénédiction*. La droite qui donne doit être une droite qui bénit. En témoigne un homme qui résista jusqu'à la mort à la tyrannie et à la barbarie: « Dieu ne rend pas le mal pour le mal, ni le même pour le même, et le juste ne doit pas non plus le faire. Non pas condamner, non pas réprimander, mais bénir. Le monde n'aurait rien à espérer s'il n'en allait pas ainsi. Si le monde vit, s'il a un avenir, c'est de par la bénédiction de Dieu et des justes. Bénir signifie: poser la main sur quelque chose et dire: tu appartiens à Dieu en dépit de tout. […] Nous avons reçu la bénédiction de Dieu dans le bonheur et dans le malheur. Alors, celui qui a été lui-même béni ne peut plus faire autrement que communiquer cette bénédiction; mieux, il doit être une bénédiction là où il est[10]. »

Voilà des paroles éternelles, sans doute, mais, en toute certitude, des paroles pour notre temps, celui des nouvelles barbaries tyranniques: la barbarie du confort, de l'hédonisme, et celle du fanatisme religieux — tyrannie barbare de mains qui semblent n'avoir d'autre but que saisir ou frapper…

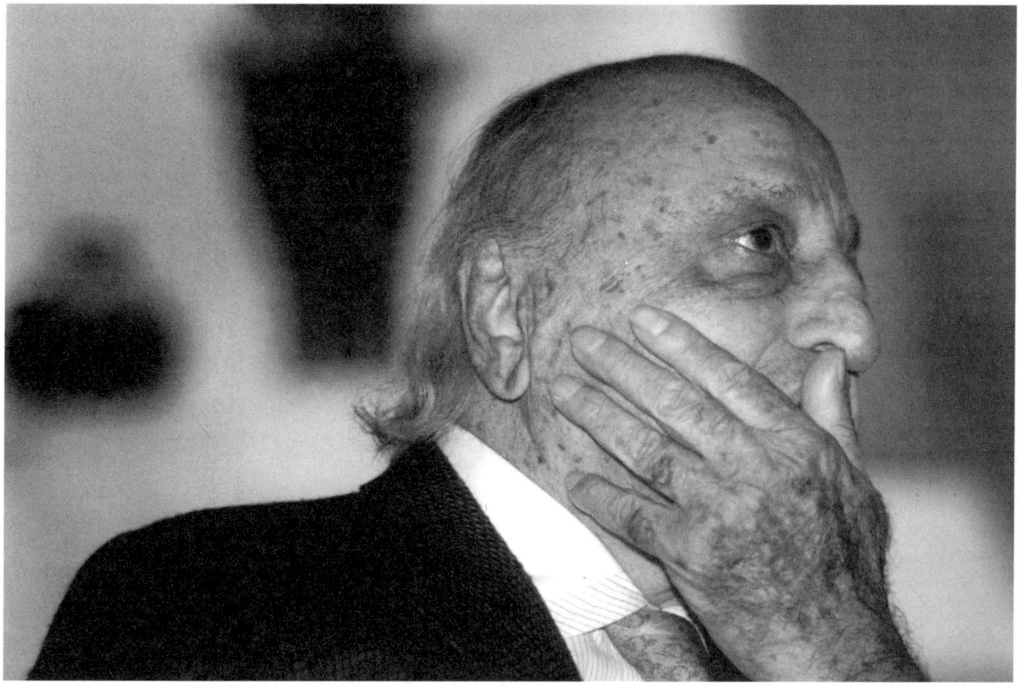

*Yosuf Karsh, photographe*

Simon Richer

# Par la main avec cœur

Avais-je besoin d'une devise qui me résumerait en pensée et en action mes élans créateurs ? « Par la main avec cœur »: cette simple formule en sa concision s'est imposée dès les premières ébauches de jouets en bois que mon père m'offrit, me laissant le précieux héritage de la méditation que ceux qu'on fabrique soi-même ont souvent plus de valeur que ceux qu'on achète. Alliant l'élégance du geste à celui de la langue, soupçonnait-il que, au-delà du fruit de l'outil le plus perfectionné qui soit, son petit d'homme allait poursuivre sa vie durant la pratique de l'*homo fabricans*, ayant saisi la croyance paternelle que, « entre l'éveil et la main, la nuit tient ses promesses[1] », faisant naître des ondes issues de la recherche d'humanisme, tentant de le construire sans cesse.

Je n'ai mis que peu d'effort à me convaincre que mon « fait main » tempère les impulsions de l'esprit, souvent prêtes à faire alliance perfide avec la parole contre l'action et sa merveilleuse fécondité patiente[2]. La facture robuste mais inventive de représentations simples d'un autre âge — une simple planchette d'où ressortait un léger et élégant voilier, un camion à bascule, une paire de chevaux de trait fiers et solides attelés à leur tombereau, prêts à la tâche — prolongeait mes découvertes ludiques qui tenaient en échec le trop grand sérieux de la vie, entretenaient les beautés de la pureté du geste, entonnaient des concerts de courbes et de lignes qui m'auront inspiré dans plus d'une fabrication.

## *Le faire et le dire*

Hommage avant tout à ces inspiratrices du faire — poésie, *poïesis* —, résumées dans cette simple ligne d'un de mes poèmes :

*mon père le mot, ma mère l'image*

L'un et l'autre ignoraient cependant à l'époque qui de Calliope, d'Érato ou de Polymnie aurait le plus d'influence sur le fils qui avait quotidiennement sous les yeux cette page insigne de caractères gothiques de la main paternelle livrant son cœur à vingt-six ans à son aimée, la main sur le cœur, le cœur dans la main. Ce long poème en alexandrins bellement rimés, encadré de son or commandant le respect et la curiosité, en vint à être récité de mémoire.

La célébration de l'écriture dans notre famille comportait une exceptionnelle cérémonie. Mon père avait longuement pratiqué l'art de la calligraphie au cours de ses études secondaires et de sa spécialisation en pédagogie, le bien dire doublant la précision de la pensée. Assis au bout de la table de la salle à manger recouverte d'une housse bleu nuit à motifs de têtes de violon inspirants, il était l'officiant revêtu pour la circonstance : visière verte le rendant aérien, manchettes de coton gris protégeant sa chemise blanche aux précieux boutons, il se mettait à l'œuvre avec application. Dans son plumier, il choisissait des pointes variées en largeur et en finesse en fonction de lettrages requis pour son travail de composition, sur des parchemins aux textures inusitées, peaux subtiles offertes au déroulement de la pensée.

Le plus souvent, les adresses qu'il composait et fabriquait se retrouvaient en exemplaires uniques lors de grands anniversaires des membres de nos familles. À l'âge précoce où je sus lire couramment avec la dignité voulue, je pouvais distinguer la beauté des rondeurs et les caractères gothiques dont l'élan de la main de mon père traçait sans bavure les petites pointes, comme des danseuses souples sur la ligne imaginaire de la composition. Ces cadeaux de l'esprit étaient accueillis chaque fois comme des pages d'histoire où la reconnaissance des talents de ceux à qui ils s'adressaient renvoyait à la noblesse de la main tout droit sortie des abbayes, des châteaux et des cathédrales.

L'aptitude de mon père à fixer la pensée en des symboles complexes m'étonnait et me captivait, en vint à aller de soi, sans que j'en perde mon émerveillement. Nous passions sans effort de la main-outil à la graphie sans avoir à répéter les nombreux et longs tâtonnements et les accommodements de nos ancêtres de quelque trente-cinq mille ans, de la motricité conditionnant l'expression du langage figuré à celui où la réflexion détermine le graphisme.

Ces petits traits gravés à la plume prenaient lentement valeur de traduction de mots, de pensées, d'images, d'émotions où mon père offrait de sa propre substance. Que voulait-il communiquer à son amoureuse quand il confiait : « Aussi quand je veux retremper mon courage/Je viens avec toi *forger* ce noble ouvrage » ? Que venait faire ici cette plongée dans le feu de la forge parmi des mots tendres, des images douces et caressantes ? Avec sa patience sans fin, il reprenait sa démonstration, me donnant de faire à mon tour des tracés qui en vinrent à se transformer en traces de mémoire, me replongeant à la forge de l'évanescent et du sublime[3].

Le graphisme provenait-il du rythme du corps tout entier, naissant étrangement de ce qui m'apparaissait, enfant, comme des abstractions empreintes d'une sorte de

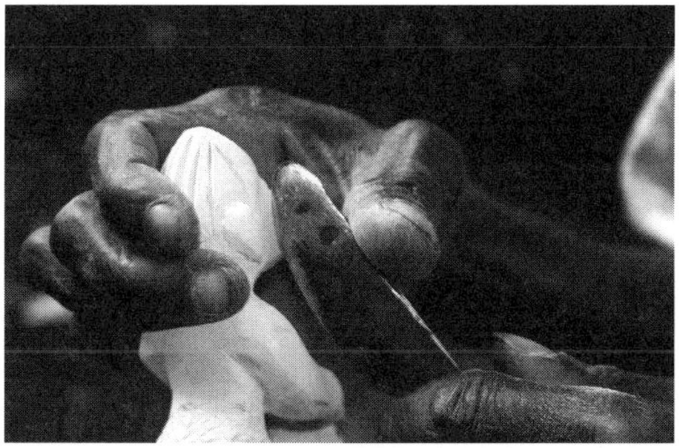

*Sculpteur africain*

détente esthétique à laquelle je demeurais, rivé à la main du traceur-compositeur-exécutant-*fabricans-sapiens*, à ma propre fascination pour l'invention naissante ? Mon engouement pour l'expression symbolique serait-il né de ces moments intenses où, dans le creuset de la forme représentative de l'idée, celle-ci renvoyait plus tard à celle-là, dans des concerts harmoniques de plus en plus complexes d'expression de symboles ? La séparation de l'art et de l'écriture de mes premières recherches enfantines allait un jour trouver son ravissement quand je me pris au jeu des rapports de la création plastique, mes sculptures, à l'invention littéraire, mes poésies, qui se jouaient réciproquement des bonheurs de l'illumination.

Plus préoccupé de processus de synthèse que d'analyse, je voyageais d'un bout de la table, celui de la composition, à l'autre, où ma mère, inspiratrice de la poésie paternelle, faisait naître des bouquets de fleurs de feutre qui répandaient leurs douces fragrances sur des vêtements et des objets de la vie quotidienne comme autant de beautés. Nous ne connaissions jamais la grisaille ni l'ennui. « Mon père le mot, ma mère l'image » refaisaient alliance en ce souffle dont les rejaillissements allaient me tenir en éveil plus d'une nuit où la main n'avait de cesse de se sentir au service d'une ligne de vie se construisant pourtant à petites touches. D'où provenaient donc ces formes saisissantes apparaissant dans l'instant, traces de leur existence dans la matière ? D'où surgissait le choix de la main, celui des ciseaux de ma mère — plus tard celui du ciseau du sculpteur —, qui coupaient à tel endroit et non à tel autre le début et la fin de l'œuvre et lui donnaient vie, bonté et beauté du même geste ?

## *L'âme des choses*

Lorsque j'entrai à pas retenus dans la grotte de Lascaux à l'époque où elle permettait de remonter loin, très loin, en arrière et d'y respirer les tout premiers temps de l'art pariétal, en même temps que d'y partager les réflexions des pionniers de la paléontologie, ce n'est pas sans une certaine appréhension que je cherchai, entre les hallucinantes représentations des bêtes, l'empreinte à la fois humble et superbe de la main de l'artiste et les transes du chaman qui y avait officié[4].

Les ombres dansent. Les bêtes trottent et disparaissent devant les chasseurs. Une âcre fumée s'élève des os qui brûlent encore. D'étranges sons se répercutent on ne sait d'où au fond de la caverne ou du haut des plafonds. Une cérémonie est-elle en préparation ? Où nos ancêtres ont-ils pris leur courage pour s'introduire dans les entrailles de la terre d'où ils étaient nés ? Comment une femme ou un homme eurent-ils une croyance en des images et en l'effet qu'elles leur feraient ?

Ces questions ne sont-elles pas au cœur de ce en quoi consiste notre humanitude ? Serions-nous une espèce en transition ? L'essence d'être humain ne relève-t-elle pas du dualisme malaisé de la technologie rationnelle et des croyances irrationnelles ? La recherche de l'expression par la main guidée par la pulsion de la croyance aura conduit les premiers fabricants de formes sous terre, qui y auront laissé des traces du non-sens, compliquant sérieusement les tentatives d'interprétation de nos contemporains déjà fort imbus de techniques et de rationalité.

Sur la pointe des pieds, retenant mon souffle, je regarde ma main et les bêtes. Comment les délicates mains à plat ont-elles pris la forme de griffes pour affronter les mêmes bêtes, empoigner la lance avec force au-dessus de la tête et, en crachant une rage et une peur viscérales, tenir l'instant et la vie au creux de leur paume ? Et que venaient faire ces imageries du paléolithique supérieur ? Notre évolution aura comporté d'immenses questions de nature émotive dans tous les aspects de nos origines. Le mot « art » n'en est pas le moindre.

De ma main d'individu cherchant à se convaincre de s'adonner de façon égocentrique à l'art pour l'art, à ma main sociale traçant des textes scientifiques ou poétiques nés des conformations de comportement ou des formes plastiques, ou les ayant inspirées, je ne peux reculer plus longtemps devant la signification collective de mes créations. Des questions prégnantes demeurent posées: comment savons-nous que les humains ont un sens esthétique inné? Notre croyance provient-elle des influences de magnifiques créations de partout à travers le monde? Notre sensibilité à ces créations nous fait-elle conclure à l'art? De la main à l'esprit, le passage obligé par le développement de nos fonctions symboliques est créé et maintenu par leurs associations sociales. Ainsi le jardin fleuri des vêtements de fête que ma mère exposait au regard ne dépassait-il pas le plaisir du moment des beautés qui les déployaient avec grâce, les rendant des célébrations de la main de la cueilleuse qui avait piqué là l'essence même des choses? Elle semblait avoir fait sienne la consigne de Verlaine: « Pas la couleur, rien que la nuance », élevant des formes à l'esprit, en faisait des merveilles[5].

Aurons-nous jamais reconnu, dans la hâte contemporaine, que la technologie du silex aura dépassé le purement fonctionnel pour déboucher sur l'identité du groupe? Qu'il en était de même des embellissements du corps, la main communiquant l'information sur l'individu et son appartenance sociale? Et que dire des élaborations complexes entourant la mort jusqu'à nos langages modernes? Je demeure sceptique quant à la recherche de traces dans le cerveau des métaphores de nos langages plastiques et littéraires dont la main est pourtant née dans ces aires neuronales; je préfère mon ivresse aux nombreux pourquoi de la logique, et les vertiges de ma jubilation.

Mon sang bout, mes yeux écarquillés ne le sont plus devant une bête à abattre, mais c'est avec la matière que je vais me colleter. Ne sommes-nous pas là parce que nos ancêtres ont combattu et triomphé? Les temps d'aujourd'hui nous révéleront-ils de nouveaux héros, de nouvelles idées, de nouveaux idéaux pour nous aider à sortir des dilemmes effroyables de notre génie destructeur présent et à venir? Entrons-nous dans une ère nouvelle où c'est à la main des femmes que la suite plus rassurante du monde doit s'en remettre? La main renferme-t-elle encore le génie créateur pour la continuité de la vie qui lui a été conféré depuis des temps où le temps tenait dans le creux de la main? Rentrer dans la caverne de notre silence pour y chercher une résolution maintes fois poursuivie à notre énigme essentielle: l'art, et plus que l'art.

## *Inspiration et choix*

La réflexion des sculpteurs naît-elle de leurs mains? Noguchi, aux frontières des apports de l'Asie et de l'Amérique, se penche sur ses accomplissements[6]. Partant d'abord de la fulgurance de l'inspiration, il considère l'instant comme la concentration de ce qui a duré. À l'autre bout, une fois l'œuvre en apparence terminée, le choix signe la décision de s'arrêter, il s'impose de lui-même à la main. Entre les deux, la main consent à faire violence à la matière — la matière n'était-elle pas née de la violence? —, mais la pierre sculptée se pose dans le silence. Le calme aura éclos de la violence. Le temps aura été un accident. La pierre finie ne sera plus un fragment. La mémoire, mère des muses, germant du moment d'avant, des coups de marteau, coule des éclats du ciseau. Ils contemplent le fruit de la ferveur. La nature en suspens, en ce travail d'amour, m'emporte en ses rafales, pendant que ma propre nature retombe en copeaux de joie.

Sous la peau de la main frémit un moment encore la brillance de la matière et celle du ciseau. À quoi bon demander au sculpteur combien de temps il a pris pour son ouvrage? Il n'a pas pris du temps, il a ajouté du temps au temps. L'épreuve du matériau emplit l'atelier. C'est ici le temple de la matière première de l'univers. Accompagnant mon œuvre en marbre noir de Belgique, « idée noire sur idée fixe, idée fixe sur idée noire en équilibre autour d'illusion », la poésie veille et éveille le regard inquisiteur:

*la vague a roulé un galet sur la plage ;*
*elle l'a usé, façonné, poli, connu, rendu à lui-même ;*

*la main a trouvé le galet qui s'y est lové ;*
*elle l'a caressé, reconnu, réchauffé, aimé, gardé,*
*en a fait une galaxie ;*

*la main a posé le galet sur la vague, la vague de ce temps,*
*la vague de l'instant ;*

*le galet et la vague ont fait accordailles ;*
*tous deux ont confié le galet à sa métaphore ;*

*idée noire sur idée fixe, idée fixe sur idée noire,*
*en équilibre autour d'illusion ;*

*poussière d'étoile, l'art naît souvent d'une idée fixe,*
*transforme l'idée noire, se joue de l'illusion de l'équilibre.*

La matière sculpte le sculpteur autant sinon plus qu'il ne la sculpte.

## La main de l'étonnement

Comment déterminer si la main a un envers et un endroit ? Elle a une longue fréquentation de l'esprit, et celui-ci n'est-il pas obsédé par elle ? N'est-elle pas hantée par les doutes lancinants de l'esprit, fascinée par les approximations épuisantes de la pensée, au long de tentatives jamais tout à fait satisfaisantes pour traduire l'absolu des fantasmes ?

« Qui suis-je ? » résonne tout au long du mouvement surréaliste[7]. L'envers est l'endroit, l'endroit à l'envers. La main, une surréalité ? Elle se met à explorer rêves, inconscient, fantasmes. Elle qui semblait représenter le réel, l'étreindre, le construire, le façonner selon les impératifs de l'efficacité, du rassurant, de l'appréhendé ferme et logique, se met à se mouvoir en pleine instabilité. Elle aligne des mots selon une absence de logique, dans des carambolages automatiques, souvent au noir destin. Elle s'acoquine avec de pures folies de chairs éperdues en passions.

Elle traduit des visions cataclysmiques. Elle se glisse dans des antres terrifiants. C'est « l'en dessous dessus ». Elle pactise avec le malin. Il n'y a plus de question du sujet, alors qu'elle trace le sujet en question. Elle découpe le moi en traçant entre les lignes, si l'on veut en connaître un peu plus de l'énigme de l'ex-centricité de l'humain face à lui-même. En aveugle, si la main nous guide, nous ne serions plus à l'aise de nous demander « qui suis-je ? » mais plutôt de tolérer connaître « qui je hante, qui m'obsède ? ».

Dans la *Naissance des désirs liquides*, Dali présente le fils putatif, un autre Narcisse, immergeant sa main dans une fontaine, à l'intérieur d'un espace caverneux, ouvertement utérin. L'analyse de cette création paraît d'abord révéler un souhait de retour à une existence prénatale. Il a été avancé également la possibilité du rêve d'un âge d'or caché pourtant derrière des contenus scatologiques. Pulsions de mort, pulsions de vie, la main monumentale à droite de l'œuvre nous fait reculer d'horreur. Les dessous de l'inspiration de Dali proviendraient d'Ovide qui extrait la violence des échanges réciproques entre regards et gestes chez Narcisse, captivé par son propre reflet. Il semble bouger à l'unisson avec un partenaire mimant ses moindres gestes. Cependant, la critique historique et psychanalytique avance qu'à la façon de Dali de visualiser le geste manque le doux lyrisme du vers chez Ovide. Dali dit :

*La main s'étend vers moi, ma main, devenue*
*une effroyable étrangeté :*
*sa tête soutenue du bout des doigts de l'eau,*
*du bout des doigts*
*de la main insensée*
*de la main terrifiante*
*de la main coprophage*
*de la main mortelle*
*de sa propre réflexion.*

Il est tentant d'établir des rapports entre la main de putréfaction ossifiée de Dali et celle du film *Le chien andalou* de Buñuel, organe plein de fourmis qui soulève terreur et dégoût, et qui correspondrait à cette partie de soi expurgée, mais pour revenir en forme agrandie en une effroyable hallucination. L'ensemble de la toile de Dali a de plus donné naissance à d'autres interprétations ayant trait à des aspects plus élargis de l'équation de sa personne à l'époque

*Forgeron à l'enclume*

de cette création requérant un autre type de développement analytique.

De la main de l'écriture automatique à la main des découpures et des collages, les surréalistes continuent de poser l'urgence toujours actuelle du problème de l'inconscient et de ses représentations, nous interrogeant par le fait même sur les sources brutes de la création et de l'admirable de l'en dessous, tout en nous embarquant assurément dans une analyse interminable !

## *Main et indicible*

Dans sa bible du marcheur de longue distance, Colin Fletcher fait le décompte des heures d'une journée employée à diverses opérations de survie dans une nature hostile, ici sa traversée de bout en bout du Grand Canyon du fleuve Colorado en Arizona[8]. La main exécute en silence durant les haltes au temps suspendu alors que les pieds ont martelé des heures durant le rythme de l'esprit d'aventure. Affairé aux multiples tâches de l'alimentation et du repos, le marcheur en vient à constater du temps non comptabilisé sur ses vingt-quatre heures. Il avance sans honte qu'il met ces instants sur le compte de sa méditation en des pensées élevées, mais n'oublierait la main à qui il a confié quelques activités qu'il préfère taire par respect pour l'imagination du lecteur, et que seule la main intimiste aura su accomplir avec « doigté ».

Si l'œil a longuement contemplé, s'il a cherché à atteindre ce qui lui est habituellement caché et dont la main ne saurait se saisir si facilement, du paysage offert aux secrets du corps, il reste à soupçonner que le marcheur nous laisse à son allusion d'activités consentantes en plaisirs solitaires. À l'invitation de l'audace de Catherine Millet aux aguets de l'exploration intime[9], celle-ci commande d'aller voir toujours plus loin, requiert d'être soutenue, entretenue dans sa durée ; elle exige précision, et pour ce faire doit mobiliser toute l'attention, ce qui entraîne forcément d'éviter toute distraction, tout obstacle. Elle se doit donc d'être menée en son isolement solitaire.

Soulagement, détente, ou courte joie à l'âme ? Sans plus scruter son élan spontané, la fertilisation de la terre par la semence de l'homme et le miel de la femme, émission divine par la main avec cœur, illumine nature et regard avant l'assoupissement.

## *Main et réenchantement du quotidien*

Comment la poésie se porte-t-elle aujourd'hui ? Ne faut-il pas se dépouiller pour s'en revêtir ? Le peu de faveur que semble recueillir sa fréquentation nous renvoie-t-il à sa place en la ville ? Tant qu'il y aura la main traçant la poésie, son feu éclairera tous les arts. Cette main parfois s'insurge dans la grisaille, celle des murs lézardés, celle des visages ternes, sombres, ayant relégué le sourire loin derrière les pas perdus. Soudain, une trouée colorée du paysage urbain. Une fresque déchire d'un coup le rideau fatigué. La muraille crie ses couleurs vives ; elle a beau endosser les rondeurs de ses lettres copulant là devant tous, à moins qu'on feigne de ne plus les voir, un seul mot tracé tout au haut de l'édifice fait croire que la ville s'est fardée pour un jour ou un siècle de ces doigts malhabiles. Au second regard, il s'agit d'une révolte. Des éclats en ce lieu réapproprié, pourtant défendu, crachent l'intense émotion longtemps contenue de tout un quartier.

Qui voit les dieux est ébloui, disait Alain. Qui voit l'enfer sous nos pieds éveille-t-il en sa conscience une ligne improbable parmi les humains à être franchie, à être comblée entre la beauté crue et la douleur collective ? Nous sommes en ces parages où un mot suffit pourtant à tendre le passé au-dessus d'un présent incertain. Le fard ne peut cacher que la main des petits métiers qui faisait vivre la ville en des temps héroïques des trains et des bateaux déchargés à la force des poignets. La main avait dans l'ombre caressé, alimenté, élevé, rassuré, consolé, construit et réparé des foyers et des cœurs. Révolte du présent, envie de détruire le poids des défenses, des exploitations, des sujétions, des contraintes, des punitions injustes, des pertes faisant toujours mal. Tant de gestes simples répétés à l'infini dans un univers lourd de sa finitude. Bien que colorée, la ville en ses lézardes se tient sur la corde raide. Elle ne trouve que rarement la rambarde où se garantir de tomber sans secours au vide du présent, où poser la main au garde-fou, au garde-folie. Là-haut sur son perchoir, l'artiste s'évertue à chanter le chaud et le froid de sa ville bien-aimée, se tenant d'une main au-dessus du vide, et de l'autre se demandant ce qu'elle fait d'honorable, d'aimable pour être honorée, plus que tout autre conscient de ses contradictions et de ses inefficacités. Combien ayant levé les yeux sur les audaces de la main auraient consenti à s'interroger, n'ayant que si peu saisi le sens tragique de ce jour ?

## *Nouvelle architecture : la main érotisante*

Du chant des formes et des couleurs aux cris des douleurs et des solitudes, la mélodie qui s'élève dans le silence si chèrement gagné dans le tumulte d'un monde fragile, cette qualité d'intimité dans l'irrégularité des choses faites entièrement à la main, l'ébéniste, la dentellière, le joaillier, la pâtissière seront de celles et de ceux essentiels à l'harmonie collective. L'architecture dite organique est de cette tradition vivante de la Grèce antique jusqu'à l'art nouveau[10].

Elle est bien ancrée dans la passion pour la vie, la nature, les formes naturelles, et reflète la vitalité des processus biologiques. Elle est en passe de prendre une direction nouvelle. Comme la sculpture en ronde-bosse, les nouvelles créations architecturales émergent de la main qui traduit beauté et harmonie par des courbes et des formes expressives syntones au corps et à l'esprit, contribuant à nous faire ressentir le bonheur d'être plus libres.

Les deux éminences de la paume de la main ne nous annoncent-elles pas que nous sommes au siècle où l'architecture est en voie de sortir de sa linéarité pour se mouler aux configurations voluptueuses retrouvées de plus en plus dans le design contemporain jusqu'aux étonnantes expériences de l'architecture de paysage ? La poussée organique peut également se constater dans l'expression d'une féminisation de la société dont la main traduit des révélations érotisantes.

Si elles ne sont pas des découvertes récentes, plongeant au culte de la grande déesse des cultures anatolienne, minoenne, étrusque et égéenne, le respect grandissant de la nature et de ses systèmes annonce un millénaire de saisie holiste, et une image émergente organique de l'univers, requérant des modes d'expression qui reflètent la variété et la créativité de la nature elle-même. Il s'agit d'un paradigme excitant déjà né en sculpture contemporaine, dont la vogue envahit bien des secteurs de conceptions des places, des personnes, des matériaux. Il en émerge souvent une poésie qui grandit et s'épanouit à partir de la même semence, l'inspiration de la nature. Des thèmes sont apparus dans ce mouvement plus proches de la main que de la rationalité : le bâti comme nature ; le présent continu ; la forme qui suit le mouvement des reliefs de la terre, de l'élan des personnes, de la nature des matériaux ; la jeunesse et les imprévus ; la musique vivante.

La main nous avait déjà annoncé force, habileté, grâce, légèreté. Qu'elle nous offre dorénavant un équilibre et une nouvelle logique de l'intégrité dans notre futur patrimoine bâti, alors pourrons-nous espérer laisser à nos descendants les chances de contribuer à créer un avenir vivable stimulant un imaginaire en perpétuel recréation. Des espaces de vie adaptables au corps humain comme la matrice de vie, le terrier, la demeure troglodyte, l'igloo ne sont pas des régressions à des modes primitifs mais le fruit d'une réconciliation préméditée.

La main a désormais à relever le défi d'innover en retournant à la source des matériaux, la nature, en les mettant à l'épreuve du respect de leur propre nature, non plus en cherchant à imiter les apparences du passé. De la recréation émerge la joie, du renouveau un réenchantement du paysage qui, lui-même objet de jeu, sculpte l'auteur dont la main l'aura dessiné en une musique vivante.

La main humaine a tant détruit à travers les âges qu'elle devrait nous rappeler de ne jamais tenir la nature pour acquise. De telles créations respireraient la noblesse d'être « un outil dont la main privée de mémoire découvrirait à tout instant le bienfait, n'en vieillirait pas, conserverait intacte la main ».

## *Caresse*

Dans ses *Entretiens chez le sculpteur*, Alain parle de l'artiste qui est l'homme qui ne doit se révéler sa pensée que lorsque ses mains la lui offrent[11]. En serait-il ainsi de l'étreinte amoureuse où l'un et l'autre ne communiqueraient leur recueillement qu'au moment où leurs mains la leur prodiguent ? La vie ne nous caresse-t-elle guère ? De quelle main la caresser ? Avons-nous perdu l'escarcelle des mots qui caressent ? Auraient-ils fui la paume de la main qui aura eu difficulté à les retenir ? Auraient-ils été apeurés par la langue de bois ? Où est passée l'intime chaleur de la main, étrange sablier d'où s'écoulent inévitablement les modelages et les équarrissages de l'âme ? Autant à l'aise avec le plein qu'au sein du creux, la main n'a pas son pareil comme foyer vivant des bonheurs en puissance. Que de subtilités la main ne nous a-t-elle pas fait connaître !

Que pourrait devenir le compagnonnage de la langue et de la main ? La langue ne sera-t-elle un jour que balbutiement, ou demain si gauche d'avoir été sur la brèche ? En ce point viendrait-elle heureusement se retremper aux sources de la main ?

## *Envoi*

*enlaçant mon amour et la soulevant*
*prima ballerina*
*à la force de mes poignets*
*ma tête arrimée sous ses seins*
*elle répond d'un mot*
*à l'exaltation de son danseur étoile*
*un mot qui ne tient qu'au creux de la main*
*un mot qui rejaillit de la paume*
*à tout le corps enluminé de notre manuscrit*
*jubilation*

Grand Lac Nominingue
20 mars 2006

*Jean-Paul Riopelle, peintre et sculpteur*

Jean Métellus

# Ma main gardienne de mes songes

Ma main, gardienne de mes songes
Court au long des pages
Se souvient de l'ivresse de mon souffle
Et renaît dans la joie de ce printemps serein
Temps sans vertige parmi les bois fleuris
Dans l'or de l'espérance et le silence du coeur
Quand frissonne la pensée et tremble le corps
Je ranime le flambeau
Et dans l'intimité de l'aurore,
J'épie
Le fracas des heures, la source des légendes
La mémoire des saisons, le chant de la violence
Et je peuple mes journées de desseins sans nuage
Méditant sur la science et les livres sacrés
La révélation et les découvertes
Sur ces orages qui s'endorment au fil de la plume
Et se réveillent la nuit frémissants et furieux
Incendiant un sommeil gagné de haute lutte
Emportant dans leurs tourbillons les prémices d'un projet
Et brûlant dans leurs éclairs les appels du phare
La force de ces visions ranime mon courage
Épousant du matin au soir le corps et ses désirs
D'où me viennent conquérants et hautains
Ces signes, ces symboles, cet alphabet souverain
Et ce monde de haine ou d'amour
Ces musiques étranges et ces ombres effrayantes
Étreignent et maltraitent les plaisirs de l'esprit
Blessent le sommeil, ruinent le repos

# La joie et la foi

L'espoir roule rétréci dans mes rêves sans couleur
La foi perd sa vaillance et sa sève printanière
La vie enduit de suie les désirs
Et ravage le courage de mots chastes et sages
Cette étreinte rend perplexe le langage
L'angoisse monte, enfle
Et déboussole le rêve de fraternité
Comme la foudre le vol d'un oiseau
Mais la volupté de vivre vient lécher mes joues
Et ma tristesse s'envole
En sentant cette fraîcheur qui sans cesse s'évapore
Et que je reconquiers tous les jours par la prière
J'ai gravé des messages, inscrit des secrets
Dans l'écorce du matin, sur la rosée du levant
Épousant le silence, je fais naître des merveilles
Le jeune écho de la joie renaît
Un destin sans famille hésite
Sur le seuil du jour, dans le sourire du soleil
Toutes les saisons pleurent l'innocence
Et les souvenirs transportent l'âme
L'homme désarticulé cherche les limbes ou l'enfer
Oubliant beauté et printemps
Il admire l'encre de la nuit
S'enroule dans la chevelure des rêves
Mais l'inconscience des saisons
Par ces temps qui sifflent et qui hurlent
Brûle sa mémoire aux charbons du passé
Immole vanité et courage

Il fait froid où naît l'homme
Chaque moment de sa vie suscite une convoitise
Et les plus fiers s'habillent en vue du rapt suprême

Du soleil pour son front solitaire
Un papillon l'effarouche
Il veille en vain sur ses songes
Un chant plein d'inquiétude monte à ses lèvres
Au bout de cette longue nuit
Ses yeux découvrent des forêts dévastées
A l'horizon des collines tachées de son propre sang
Des feuillages décolorés par la peur
Autour de lui des roseaux courbés, des jardins morts
Habité par le silence de l'univers
L'homme éprouve son destin

Dans le vacarme pourpre d'un monde sans pitié
Il démêle les mots à l'orée de grandes gestes
Entend l'ivresse du ciel

Unir, nouer l'ouvrage et le chant
Détendre l'esprit et rendre sereine la prière

L'homme tâtonne vers l'espoir et l'amour

D'où viennent tous ces chants douloureux
Cette plainte et cette passion, ces émotions ambiguës
D'où viennent le passé factice et l'impérieux présent
Pourquoi cette lutte torturante entre une raison
royale et un cœur cardinal

Pourquoi nos misères
Si l'éternité est acquise
D'où viennent nos désillusions, nos déceptions
Un vœu deshabité consume en silence ses espoirs,
ses mirages
Un esprit malheureux ne rue qu'un instant
Puis sombre dans la déréliction

Ô vie,
Assouplis un peu tes vêtements
avant de nous en habiller

Mais de quelle parole s'agit-il ?
Celle du créateur reste le grand mystère
Personne n'entend celle du poète
Et l'homme s'inquiète de sa propre voix

Le fruit se désintéresse de l'odorat
Et la peau soyeuse de la main
Le palais acquiesce à tout

Est-ce le mot qui se délite
Est-ce le langage qui cristallise
dans un nouveau creuset
Est-ce un message sauvage

Que de détours, de subterfuges
Que d'entêtements, de passions
Dans l'erreur

A quand la naissance d'une parole phosphorescente
Quel lieu abritera son épanouissement

La parole ressuscitée recréera-t-elle le monde
L'apaisement déposé par les mots sur la peur
Élargit le verbe aux dimensions de la vie

Recréons les sons et leur itinéraire
Préparons le lit de nouvelles naissances
Disposons des miroirs autour de nos sens
Car les mots façonnés à l'usage de l'homme
N'ont pas pour vocation la menace
Nul ne devra s'éloigner de leur cœur
Exorcisons les bouches qui séparent
le chiffre de la lettre
L'arbre existe-t-il seul
L'arbre et l'air se fondent dans l'unité de la nature
Et le silence qu'ils déploient en cherchant leur destin
Enveloppent ma parole dans les feuillages
et les nuages
Au jour du jugement
Ils offrent un unique témoignage
Le souffle quelque part circule et murmure
C'est l'avant-goût de notre rencontre avec l'éternité

Mon chant comme la plus ample des voix
Se déploie sur la mer immense de l'adversité
Il résonne de santé ferme quand la tristesse
 dirige mes doigts
Allume des feux follets sur ma route
Ce chant innocent
Nuage en quête de formes frissonnantes
Vibre comme un corps désaccordé
Ce chant irrépressible
Ne peut mettre du miel où fuse le fiel

## Amour

Seuls, le ciel et ses arcs
La nuit et ses étoiles
Peuvent te bercer
Amour, l'innocence dans sa fraîcheur et sa nudité
Amour, cœur du monde
Amour, illumination de l'espoir
Toi, la pulpe de nos joies
Tu chantes dans un sourire
Danses dans un regard
Murmures dans une poignée de main

Je ne la connaissais pas mais j'aimais la regarder
Son visage rayonnant de franchise, de fraîcheur
Ses gestes empreints de douceur et d'amour
Prompts à effacer les chagrins enfantins
Habitaient ma solitude
M'invitaient à élargir ma vision
Son front radieux et dégagé
Annonçait un cœur libre, une conscience claire
Ses paroles brillaient
Puis sont venues les rides, sensibles, visibles
Peut-on perdre la beauté
Mais la beauté comme la vie est donnée une fois
pour toutes
Et je m'interrogeais
Où a-t-elle caché sa beauté

## Esprit

Le ferment religieux offre à l'effervescence
de l'esprit
L'asile inviolable de la foi
Les mailles serrées de la méditation
Retrempent l'homme en lui-même
Et, animée par l'ascèse, la pensée jaillit
Haussant ses volutes jusqu'à la poésie

## La terre

Je regardais autour de moi
Quêtant l'image des saisons
En plein jour, on ne voit pas bien
Je regardais la création
Le monde entier s'offrait à moi
La terre,
Mère des présages, nourricière et carnassière
Accoucheuse de vies, tombeau de corps fatigués, usés
La terre
Où a germé le passé
Où l'avenir prend appui
La terre couve le bonheur

## Je marche

Partout je regarde
À grande distance le cœur s'émeut
À courte distance il s'éloigne
Mon cœur voué à la prière et mes lèvres à l'action
Pardon, ô Dieu, pour tous mes péchés
Je marche pour voir et comprendre
Dieu seul peut expliquer l'incohérence et le fracas
de ce monde
Je marche
Mais je ne sais comment atteindre l'essence
de ce que je côtoie
Les manifestations de piété, la vigueur des sentiments
Réveillent la foi en l'homme
Mais je n'ai rencontré
Ni les fleurs de l'esprit
Ni le torrent tumultueux de la passion
Ni la ferveur de la charité
Ni le souffle de l'amour
Mais des mœurs relâchées
Des gestes mesquins
Des sentiments fielleux

*Jean-Pierre Ronfard, homme de théâtre*

# 3
# Mouvements expressifs

Sylvain Bédard

# Mains de maîtres anciens

La main est le premier instrument du peintre, avant même la craie, la brosse ou le pinceau. Elle module par son geste l'idée naissante, ce *disegno interno* dont parlent les auteurs italiens de la Renaissance. Elle procure à la pensée créatrice un prolongement idéal vers le dehors, vers l'espace de la représentation. Il ne se trouve pas meilleur outil à l'atelier. La main est aussi la trace laissée par l'artiste sur le support pictural, ce style, cette manière que l'amateur de peinture sait reconnaître au premier coup d'œil, non sans profit quelquefois, et qui constitue la véritable signature de l'œuvre. La main sert le peintre et le « trahit » tout à la fois. Sur son lit d'agonie, incapable désormais de se rendre à l'atelier,

Jean-Auguste Dominique Ingres
*Études pour le* Bain turc

Théodore Géricault, victime d'une chute de cheval qui allait l'emporter vers la tombe, peint à l'automne de 1823 son dernier modèle, sa main propre ( la gauche, car il était droitier ), fascinant et émouvant témoignage d'un artiste pour l'objet même de son art. Une main que le dessin, au crayon noir et aquarelle, montre coupée à hauteur du poignet, s'étalant sur la page, encore belle, comme indifférente à la maladie. Ultime étude avant la fixité de la mort. Une inscription au bas de la feuille, d'une autre main, relate les circonstances de l'œuvre : « Il fit ce dessin étant alité pendant sa dernière maladie. Le trait au crayon a été tracé en suivant les contours de la main, placée à plat sur le papier blanc. » Ainsi, au seuil de l'abîme, l'auteur du Radeau de la Méduse choisit de copier non pas les traits de son visage, déjà émaciés, marqués par la souffrance, mais le contour exact de ce corps sur le point de disparaître.

Autre empreinte *ad vivum* : le moulage en plâtre de la main droite d'Ingres — le fameux violon —, pris en 1841 par son ami et grand collectionneur de ses œuvres Joseph-Édouard Gatteaux. Une main ronde, aux doigts gras et courts, fort peu en accord avec l'élégance plastique de ce merveilleux dessinateur, probablement le plus grand de tous les temps ( avec Watteau ). Une main d'épicier certes, mais capable de prodiges ! Le peintre, qui aimait réinventer l'anatomie humaine, a parfois gratifié ses modèles de mains « monstrueuses », comme celles en forme d'étoile de mer du comte Amédée de Pastoret, posant debout dans son beau costume de conseiller d'État ( 1826 ), mains dont la forme reprend en écho celles des branches de la croix de la Légion d'honneur qu'arbore ostensiblement le personnage. Et que dire de ce « gant vide » posé sur la joue droite de Madame Moitessier, dans son célèbre portrait de 1856 : une main sans os, aux doigts pareils à des palmes pliées par le vent. Dans les deux cas, motifs hors nature qu'Ingres, zélateur de l'antique et de l'art raphaélesque, reprend aux maniéristes florentins du début du seizième siècle, abonnés fervents de ces entorses délibérées au réel, dont on sait qu'il goûtait secrètement le graphisme délirant.

Né flamand ( à Bruxelles, en 1602 ), mais français d'adoption, Philippe de Champaigne ne pouvait souffrir de son côté qu'on s'éloignât de la nature. Janséniste, il était respectueux de Dieu, donc de l'homme, son plus parfait ouvrage sur la terre, et se faisait un point d'honneur à ne décrire que la réalité tactile des choses. Les mains de ses personnages, longues et blanches, aux ongles carrés, ont toutefois un air de famille, comme si chaque fois un seul et même modèle avait posé pour cette partie. Façon peut-être pour cet artiste aussi pieux que talentueux de rappeler que la peinture n'est jamais qu'une contrefaçon imparfaite du dessin divin. Dans l'*Ex-voto* de 1662, célébrissime toile peinte à la suite de la guérison miraculeuse de sa fille Catherine, religieuse à Port-Royal de Paris, qui avait recouvré l'usage de ses jambes après deux années de paralysie, le peintre nous montre celle-ci étendue sur une chaise longue, en prière, les mains jointes posées sur ses jambes « mortes ». Agenouillée auprès d'elle, la Mère Agnès Arnaud, abbesse du lieudit, prie également, les mains tournées vers le ciel. Ballet de mains à l'éloquence muette, mimant pour le bénéfice du spectateur de l'œuvre le récit d'une guérison espérée, qu'une inscription en latin, placée à gauche de la composition, relate par le détail.

Georges de La Tour, mort d'une pleurésie en 1652, et fameux en son temps pour ses tableaux « en nuit », a aussi donné aux mains de ses modèles une forme redondante : poings souvent serrés, aux doigts tassés sur eux-mêmes, reconnaissables entre tous. Une crispation coutumière des extrémités supérieures qui, chez les martyrs, saints pénitents et autres docteurs de l'Église que l'artiste a

Georges de La Tour
*Saint Jérôme pénitent*
ca. 1630-1632

multipliés, suggère quelque tiraillement de l'âme. Parmi ces images hagiographiques, retenons le *Saint Jérôme pénitent* de Stockholm, où l'auteur de la Vulgate, qui a délaissé un moment la plume du traducteur, nous est montré en pleine crise mystique, comme accablé, tenant de la main gauche un crucifix de bois aux angles durs, coupants, et serrant fermement de la main droite une corde nouée à l'extrémité ensanglantée, dont on devine le terrible office. Deux mains chrétiennes en somme : l'une portée par l'espoir, l'autre assaillie de doutes.

Nicolas de Largillierre, mort à plus de quatre-vingt-dix ans ( 1746 ), fut surtout portraitiste de la grande bourgeoisie parisienne. Des modèles qui payaient cher leur image et qui permirent à l'artiste d'amasser une belle fortune. Obligé de satisfaire une clientèle nombreuse, le peintre multipliait les études de mains, souvent à la pierre noire et sanguine rehaussées de blanc, tracées à plusieurs sur une même page, qu'il réutilisait ensuite indifféremment dans ses portraits peints. Modèles que les historiens d'art se sont amusés à débusquer dans telle et telle œuvre de l'artiste. Largillierre eut l'idée vers 1714 de réunir sur la toile quelques-uns de ces archétypes d'atelier pour en faire une œuvre à part entière. Chef-d'œuvre d'équilibre en même temps que « morceau de bravoure », la toile en question met en scène dix mains, tantôt masculines, tantôt féminines, au format naturel, savamment imbriquées et aux carnations exquises, mimant poses et attitudes dans une composition savante du plus bel effet. Poésie du geste, plaisir de peindre, ces mains ont été exécutées pour le seul ravissement du regard.

Jacques-Louis David, né en 1748, peignait aussi admirablement bien les extrémités, les mains surtout, qui sont toujours chez lui d'un modelé ferme, d'une expression puissante. Une attention portée à cet appendice fameux qui participe presque toujours du drame de l'histoire. Ainsi le geste de serment des trois frères Horaces, dans la toile éponyme de 1784 : bouquet de mains levées, attendant d'être armées par le *pater familias*. L'écho de la fable antique se répercutant alors jusqu'au spectateur moderne, porté par ces mains tendues à l'extrême, aux doigts épatés, d'un réalisme sans pareil dans la peinture du temps. Autre serment tout aussi célèbre, celui du Jeu de Paume, immense hymne républicain que le patriote David ne put ( ou voulut ) cette fois mener à terme — l'immense toile qui devait commémorer l'événement du 20 juin 1789, commandée à l'artiste par la Convention, fut bientôt abandonnée ( seules quelques têtes et *mains* de députés ont été entamées à l'huile ) —, mais dont le grand dessin d'ensemble, achevé celui-là, fait voir, au-dessus des têtes des représentants de la Nation, une mer de six cent trente mains battues par l'émotion ! Sur la grande toile fantomatique, aujourd'hui découpée, un détail surtout retient l'attention, les mains quasi jointes des représentants Mirabeau et Barnave, aux carnations sombres, d'une exécution brillante, qui font regretter amèrement le chef-d'œuvre avorté.

Le monde de la peinture ancienne est ainsi peuplé de mains tragiques, parfois recueillies, ou traversées par l'émotion, qui toutes révèlent l'indicible connection entre l'être et l'œuvre. À ce titre, et pour revenir à elle, l'image de la main de Géricault, réelle et factice tout à la fois, s'offre bien à nous comme parangon de la peinture.

Eric Volant

# Les mains de Vincent

*Quand mes mains sont libres,*
*mon âme est libre, je suis libre.*
*Libérez mes mains, s'il vous plaît,*
*Que je m'envole !*
NOËL AUDET

*Sauras-tu jamais ce que mes doigts pensent*
LOUIS ARAGON

LA MAIN «COMME UN REGARD SECOND[1] », EXPRESSION ÉVOCATRICE DU JEU de la connaissance, de l'amour et de l'art ! Jumelés l'un à l'autre dans le concert des sens, l'œil et la main ne font qu'un dans le geste créateur. Étrange, cette relation entre la vue et le toucher ! Ainsi, les doigts du potier sans même toucher la statuette « parviennent à sentir ce que les yeux voient[2] ». Étonnamment, Raymond Guillot, « l'aveugle aux doigts de lumière », touchant les trois claviers des orgues de la cathédrale Saint-Louis à Blois, *voit* les sons sortir de ses mains et répandre leur mélodie à travers la nef et dans la voûte[3]. Comme l'écrivain *voit* les caractères sortir de ses doigts et s'imprimer sur la page, il les *voit* former des mots et exprimer un langage. Avec ses doigts, non seulement il parle, mais il *voit* le sens ou le non-sens se révéler sur le papier, noir sur blanc. Il manifeste (*manus-festum*), il célèbre des mains. Les mains des poètes et des artistes font la fête, gaspillent du temps, dépensent des mots ou des couleurs, noircissent la page ou épaississent la toile. Elles construisent des phrases ou façonnent les traits d'un visage et d'un paysage. Joyeux ou tristes, les doigts de l'écrivain hantent la plume, part d'oiseau qui laisse sa trace, et se lancent dans une joute, sans merci et sans fin, avec la feuille docile ou récalcitrante. Le jour, les mains des poètes déchirent des feuilles griffonnées la nuit et les livrent à la voracité des poubelles. La nuit, les mains des peintres effacent la toile barbouillée la veille, à l'instar de Pénélope qui, pendant vingt ans, aux heures nocturnes, défaisait la toile qu'elle avait tissée aux heures diurnes afin de repousser ses prétendants et d'attendre le retour d'Ulysse. La toile de Pénélope, prise et reprise sans fin, personnalise l'attente patiente et fidèle du *momentum* tant désiré, celui de l'avènement de la muse et de la catharsis.

L'artiste s'adonne au jeu des mains, manifestation, épiphanie, apparition et dévoilement ! Ses mains manifestent, font la fête sur la pierre, le bois, la toile et le parchemin. Elles lèvent le voile pour voir et faire voir ce qui est caché, pour exposer la part d'ombre qui habite le corps et l'esprit de leur maître ou pour lever discrètement une part du masque qui abrite les êtres et les choses, sans toutefois tout révéler par pudeur pour le mystère. Les yeux signalent au cerveau leur découverte et celui-ci parvient à entrevoir ou à concevoir vaguement ce que les yeux ont aperçu plus clairement. Mais à la grande surprise des yeux, les mains cueillent l'abondance des couleurs tombées et dispersées par terre, les transposent et les composent sur la toile en teintes, valeurs et nuances infinies. Les mains manipulent les couleurs ainsi ramassées et se salissent. Elles gardent la tache de l'huile, de la boue, des cendres et le relent de leurs odeurs dans les couches profondes de leur peau. Elles dévoilent la pluralité des couleurs et la diversité de leur exposition à la lumière et aux ombres. Étonnés, les yeux perçoivent cette opulence étalée. Les impressions rétiniennes, olfactives et tactiles sont transmises au cerveau, mais la langue demeure muette, incapable de les nommer. C'est aux doigts et aux mains qu'il appartient de prodiguer l'ineffable. « Ce n'est qu'avec ce savoir invisible des doigts que l'on pourra un jour peindre la toile infinie des rêves[4]. » Mains savantes et clairvoyantes, subtiles et habiles dont les lignes lisent l'avenir et la bonne aventure, reconnaissent et transposent des signes qui livrent le sens ou le non-sens du monde et de l'existence. L'absurde, c'est ce qui est discordant, c'est ce qui sonne faux à l'oreille sensible et à la raison chargée d'éthique, à l'esprit avide d'authenticité et à l'âme à la fois humble et lucide. L'absurde est la toute première vérité crue, dite sur la condition humaine et dénonçant la sourde arrogance des riches et des puissants qui pensent le bien et l'imposent. Cette vérité-là blesse et rappelle un chant mémorable, celui d'une jeune fille sémite qui magnifie les prouesses de son Dieu renversant les puissants de leur trône et renvoyant les riches les mains vides.

## Des mains paysannes

Les doigts de Vincent Van Gogh, qui hantent le fusain ou le pinceau, prolongent le regard que le peintre jette sur une paire de vieux souliers, une chaise ou un lit, un champ de blé, un ciel étoilé, un café la nuit, une femme au tambourin, un tisserand devant son métier, un vieillard penché sur son livre ou une paysanne courbée sur sa pelle. Ses doigts se transforment en instruments de perception, de vision et de connaissance. Ses doigts *voient* ! Et, à leur tour, les objets, esquissés ou peints, regardent Vincent et lui renvoient sa propre image et sa propre intériorité. Ça le regarde ! Ça le découvre ! Ça le dévoile ! Les êtres et les choses, qui composent la toile et que la toile expose, lui livrent des bribes de son propre tourment, de son émoi et de son désarroi secrets. La toile est empathique et réceptive, car elle saisit la pensée et l'émotion du peintre et se fait miroir. Elle répercute et va jusqu'à visualiser l'état d'âme de Vincent qui s'y reconnaît, comme elle dispose aussi du pouvoir de capter et de refléter la subjectivité d'une personne autre que l'artiste, qui la contemple.

Monstres de tension et de contraction, de saisie et de capture, de contention et de crispation, ces mains de la paysannerie laborieuse du plat pays, dessinées par les doigts besogneux de Vincent durant la première période de sa carrière artistique ! « Peindre la vie paysanne est une chose sérieuse et je me reprocherais de ne pas essayer de faire des toiles qui éveillent des pensées sérieuses chez celui qui réfléchit sérieusement sur l'art et sur la vie[5]. » Les paysans sont un monde en soi que Vincent veut peindre s'estimant être l'un d'eux, un semblable parmi les semblables, solidaire bien que solitaire, qui pense et sent, laboure et creuse, bûche et gratte, peine et transpire autant qu'eux. « Une toile de paysans ne doit pas être parfumée », confie-t-il à son frère. Si la cuisine sent le lard, la fumée, la vapeur des pommes de terre, si l'étable sent le fumier et si le champ répand l'odeur du blé mûr, c'est un signe que la toile déborde de vie et de santé. Les couleurs que les mains de Vincent ont cueillies sentent la terre. La toile sent les mains sales de Vincent et celles de ses personnages. Elle sent et fait sentir les êtres et les choses de la vie rurale. Ses mains rendent visibles et palpables les couleurs et les odeurs des mains paysannes. Ses mains éclaboussent la peinture sur la toile. Ses coups de pinceau l'épaississent de couches de terre glaise et boueuse, argileuse et limoneuse, jaune et ocreuse. Elles noircissent les cernes des paysans pour rendre à leur regard sa profondeur, pour creuser jusqu'à la racine de leur être ou pour atteindre la crypte de leur âme close sur ses secrets. Les rides tracées sur leur visage et les nœuds gravés dans leurs mains trahissent les plaies de leur cœur blessé au vif et à peine cicatrisé. Assise droite sur une chaise brun foncé dans une pièce sombre, la *raccommodeuse* (1880) lève tout droit devant elle, dans sa main droite, un fil blanc. Un chemisier blanc repose sur sa robe grise. Son visage, légèrement penché sur l'ouvrage, est toute concentration et semble vouloir s'approcher de sa main avec qui il forme une unité particulière dans l'ensemble du tableau. Cette main et ce visage, éclairés timidement par une fenêtre, ont le teint pâle, pareil au ciel gris et brumeux du dehors.

Ce visage de la raccommodeuse a des ressemblances avec le visage blême du *vieil homme lisant au coin du feu* (1881). Le même nez, le même menton et les mêmes lèvres arborant une tension et une application identiques. Les deux mains de l'homme, appuyées sur ses genoux, tiennent fermement un livre ouvert. Leur peau est d'une pâleur identique à celle de son visage qui contraste avec les tons foncés de la pièce, mais qui ressemble au teint grisâtre de la fumée qui monte dans la cheminée. Le visage et les mains de la raccommodeuse et du lecteur sont l'extériorisation picturale d'un paisible recueillement, que Vincent a su capter chez ses modèles et qui l'habitait personnellement dans des moments de grâce entre ses crises d'agressivité, de frustration ou de dépression. Ils manifestent le même état affectif et le même caractère qui se dégagent de la *femme au moulin de café* (1881). Assise droit devant le spectateur, une petite vieille tient le moulin à café entre ses genoux, dans les plis de sa robe bleue. Sa main gauche repose tranquillement sur le bois du moulin, tandis que sa main droite actionne la roue minuscule à peine visible. Sa bouche n'est pas un moulin à paroles. Résolument fermée, elle exprime une certaine austérité. Si les yeux clos de la vieille semblent prier, c'est dans son cœur que tout se passe. Au rythme de la roue du moulin à café, elle paraît tourner et retourner dans sa tête les souvenirs de son passé ou les inquiétudes du présent : de quoi sa journée sera faite ou celle du lendemain ? Monotonie des jours qui se ressemblent, des mains qui chassent l'ennui ou le creusent !

À l'instar du poète Thys Maris, son contemporain, Vincent cherche à découvrir « le sublime dans les choses les plus ordinaires de la vie quotidienne[6] ». Une paysanne courbée, aux hanches massives, est *en train de lier une gerbe* (1885). Au bout d'un bras puissant, sa main droite ferme ses doigts immenses sur quelques pailles rassemblées. Aussi robuste que le tronc d'arbre qui gît à ses pieds, prêt à être taillé, un *bûcheron* serre ses doigts noueux autour de la hache qu'il tient au-dessus de sa tête, dans un immense geste d'élan, avant de l'enfoncer dans le bois (1885). Vincent s'amuse à gribouiller au travers du texte de ses lettres à Théo des pochades de ses dessins, peintures ou aquarelles. Ainsi, dans une de ses missives, il ébauche un *éboueur en repos*. Le bras droit du journalier, assis sur un petit mur en ciment, repose mollement sur son genou droit, tandis que sa main droite se dégage de la large manche de sa chemise et sert timidement d'appui à sa pipe. Sa main gauche, les doigts largement ouverts et détachés les uns des autres, empoigne son genou gauche. La position du buste légèrement penché vers l'avant est celle d'un être qui tente de se libérer d'une crispation intérieure. Son visage porte l'empreinte de la mélancolie dont le peintre se sent lui-même accablé. « La vie a alors la couleur d'eau sale, ça devient comme un tas de cendres. En ces moments, on voudrait avoir auprès de soi un ami. Parfois la brume épaisse s'éclaircit. » Vincent se dit plus ou moins satisfait de son travail et somatise ses angoisses. Ses mains semblent gourdes et improductives, son être est engourdi et craint le vide : « J'ai pris sans doute du froid, mais je dois absolument faire quelque chose pour sortir de ma léthargie[7]. »

Une autre lettre a pour contexte l'esquisse d'une *bêcheuse* dont la pointe du pied droit touche légèrement la pelle[8]. Sa main droite enferme le manche de la pelle dont l'extrémité repose dans sa main gauche. La jeune femme, alerte et élégante, semble exécuter son travail comme un pas de danse. Vincent fait dans cette ébauche une étude de la lumière. Il dispose la figure de telle manière que seuls les mains et le visage sont illuminés et tranchent avec les traits sombres des vêtements, des sabots et de la terre. Le manche de la pelle, les avant-bras de la femme et l'extrémité droite de sa robe participent timidement au reflet de la lumière. Étrange, cette ressemblance du visage et des mains qui traduisent si bien la détermination tenace de cette femme. Un croquis, qui sert d'illustration à une autre lettre, représente la figure du *jardinier d'un orphelinat de La Haye*, que Vincent a dessiné du haut de sa fenêtre[9]. Courbé sous un vieil arbre tortueux, le petit homme tient un râteau au bout de son bras droit qui a des allures de moignon. Son visage est aussi bien caché que sa main droite. Seuls ses genoux pliés et sa main gauche, qui touche le sol et ramasse du bois mort, semblent vivants dans ce paysage hivernal où la froide blancheur de la terre s'oppose à la noirceur sèche des branches. Et pourtant, tout absorbé par son ouvrage, le jardinier ne semble pas entendre les cris des orphelins qui montent de l'édifice blanc au toit noir dont on devine au loin les contours.

Une autre lettre s'accompagne d'un gribouillage qui trace la figure d'un fileur dont le visage et les mains, surtout la droite qui fait tourner la roue, sont éclairés par la lumière tamisée qui entre discrètement par la fenêtre[10]. Le bras gauche repose sur la cuisse et touche le panier. Les yeux aux paupières baissées, les mains et la posture du fileur, tout entière rivée sur son ouvrage, forment une unité d'atmosphère qui respire la modestie silencieuse de l'œuvre bien faite, œuvre de moine ou de béguine, dévotion ou prière, don de soi et abandon, oubli du monde extérieur et sortie hors de soi vers l'autre. Cet autre, en l'occurrence, est l'objet à *mani*puler, à *man*œuvrer, à travailler *des mains*. Vincent, l'éternel apprenti, écrit en marge de son griffonnage : « j'espère ou plutôt j'essaierai de faire mieux dans l'avenir ». Il estime pourtant que, « dans ce chaud clair-obscur », il a été « un peu plus soi-même ». Les mains du fileur parlent pour Vincent et portent la marque d'une parfaite maîtrise de son art.

Les mains, les yeux et la roue du fileur de ce pays-là nous rappellent l'air et les paroles d'une chanson de ce pays-ci :

Vincent Van Gogh, *Les mangeurs de pommes de terre*, 1885

Avec nos yeux, avec nos mains
Dont nous auront été humains
Nous nous serons à peine vus
Nous serons-nous touchés… à peine

Nous aurons mis tout notre enjeu
À ne pas être malheureux
La roue ne cesse de tourner
Emportant gestes et regards
Dans un tourbillon d'infortune
Sans nous offrir un lendemain[11].

Une étude de 1885 montre *trois mains dont deux tiennent une fourchette* tandis que la troisième plus potelée ferme ses doigts à demi en forme de poing. Faites de l'argile de son pays, ces mains tracent la puissance mythique d'un ethos de labeur d'un peuple laborieux et pauvre, lié avec toutes les fibres de son âme à sa rustre terre. Vincent éternisera cette mystique paysanne dans un chef-d'œuvre qui clôt sa première période et couronne l'assiduité tenace de ses jeunes années tardives consacrées au métier de peintre. Ce tableau porte le titre de *Mangeurs de pommes de terre*, un manifeste, une fête des mains autant du peintre que de ses personnages. Sur la toile, dans le clair-obscur d'une pièce, une lampe à huile descend du plafond et répand sa faible lueur sur la table et les visages. Les mains de Vincent jouent avec des couleurs de terre afin de cueillir sur les lèvres et dans les yeux des personnages un instant de tendresse et sur leurs mains noueuses, la durée d'une peine, d'une douleur, d'une malédiction, d'une soumission ou peut-être d'une colère introvertie et pourquoi pas d'une révolte contre un propriétaire terrien aux mains propres.

La main droite, argileuse, du paysan tend une tasse blanche vers sa femme qui, les yeux rivés sur sa cafetière, verse un liquide foncé dans des tasses disposées devant elle. Le mouvement désireux des yeux et des lèvres du paysan va de la tasse vers le visage pensif de la femme, séparée de lui par un large pilier en bois. Fermée dans son monde intérieur, celle-ci devine le regard et le geste de son mari. Tendre mélancolie de deux êtres solitaires unis dans un même destin de dur labeur et d'intimité secrète. Les yeux, vifs et pénétrants, de la jeune paysanne s'élèvent vers le visage rêveur et soucieux du jeune paysan. Enfonçant leur fourchette dans le plat de pommes de terre bouillies comme dans un seul geste, les mains droites des deux jeunes gens se rapprochent. La petite fille, dont on ne peut que deviner le visage et les mains, ne forme qu'une tache d'ombre sur la toile, mais, assise à la même table et tout orientée vers le grand plat, elle s'intègre dans le tableau familial. L'art de la composition est ici de mettre ensemble des paysans, des visages et des mains, une table, un plat de pommes de terre, une cafetière, des fourchettes, une lampe, une cheminée, un cadre. Ces êtres, rassemblés autour de la table, lieu du partage, portent silencieusement le poids d'une communauté de pensée, de travail et de souffrance. Ils se regardent et se meuvent presque imperceptiblement parmi les choses sans se heurter. Leurs mains se frôlent sans se toucher. Ils communient ensemble à l'ethos du manger, du souffrir et du vivre ensemble. Pudeur et respect donnent une profondeur mystique à cette cohabitation muette ou à cette convivialité d'âmes, plus consentantes que résignées, plus ordonnées que soumises, plus tenaces que dociles. Le temps est comme suspendu dans cette sombre pièce, un temps mort plein de vie intérieure, un temps figé que Vincent a su fixer sur sa toile comme un instant d'éternité. Une *cena domini*, une cène paysanne moins exubérante et festive que la *dernière cène* de Léonard où les mains de Jésus et de ses disciples sont levées d'étonnement et d'extase, anticipant un Seigneur de gloire et de victoire. Chez Vincent, Dieu est présent sous les traits de son absence. *Deus absconditus*, un dieu effacé ou resté caché, un dieu sans gloire ni majuscule, un dieu qui se dépouille de sa divinité pour devenir semblable aux hommes et qui descend jusqu'aux enfers de la souffrance. Le clair-obscur dans lequel baignent les figures paysannes de Vincent participe au mystère de la *kénose* d'un dieu sans beauté ni éclat ni aimable apparence, d'un dieu aux mains transpercées et au visage défiguré[12]. Un dieu que Vincent abandonnera bientôt, mais retrouvera au creux de sa détresse au cloître de Saint-Rémy où il s'inspire de Rembrandt pour réaliser *Le bon Samaritain* (1890). Dans un environnement sauvage, au pied d'une immense crevasse, un Arabe s'efforce de monter sur son cheval un jeune Juif blessé. Tout le tableau respire mouvement et tumulte. Les moniales lui procurent papier et fusain, peinture et toile afin que l'étrange peintre soit actif et apaisé. Pareilles à leur contemporain, elles ne saisissent sans doute pas son génie, mais elles le trouvent « poli et docile ».

Lorsque Vincent applique sur sa toile ses tons grisâtres et sombres, il ne peut s'empêcher de penser aux paysans de Millet : « Ses paysans semblent peints avec la terre qu'ils ensemencent[13]. » Leurs mains sentent la terre et leur bouche a un goût de terre. Les êtres qu'il peint ainsi dans leur pauvre demeure ressemblent aux êtres qu'il a côtoyés avec tant de compassion durant sa mission d'évangélisateur dans le Borinage, en Belgique. « L'homme du fond de l'abîme, "de profundis", c'est le charbonnier. » Voilà à peu près deux ans qu'il vit avec les charbonniers et qu'il a pu apprendre à connaître quelque peu leur caractère original. Et de plus en plus il trouve « quelque chose de touchant, et de navrant même, dans ces pauvres et obscurs ouvriers, les derniers de tous pour ainsi dire, et les plus méprisés[14] ». Vincent se reconnaît aisément dans ce type d'exclus, car il est lui-même un mal-aimé. Fils du « beau » pasteur austère qui ne comprend ni ne tolère le comportement étrange de son aîné. Fils prodigue qui s'attribue volontiers la responsabilité du malaise et de l'exaspération qui rongent la paix et l'unité familiale. Aux yeux de ses supérieurs évangélistes, il est un excentrique, qui « néglige sa toilette », se trouve « plus ou moins sans place, errant çà et là ». « Ses affaires pécuniaires sont dans un triste état » et « son avenir est pas mal sombre ». Vincent se sent considéré et traité comme un marginal : « pourquoi, pendant ces années, j'ai été hors de place, cela est tout bonnement parce que j'ai d'autres idées que ces messieurs qui donnent les places aux sujets qui pensent comme eux[15] ». Il désire tant que son frère Théo reconnaisse en lui « autre chose qu'une espèce de fainéant ». Fainéant malgré lui ! « Rongé intérieurement par un grand désir d'action », il ne fait rien, « parce qu'il est dans l'impossibilité » de faire quelque chose, « parce qu'il est comme en prison ». Et pourtant il se dit : « Je suis bon à quelque chose, je me sens une raison d'être ! je sais que je pourrais être un tout autre homme ! À quoi donc pourrais-je être utile, à quoi pourrais-je servir ! Il y a quelque chose au-dedans de moi, qu'est-ce que c'est donc[16] ? » Il habite hors des normes familiales et sociales de son patelin et de sa région, mais, au-dedans de lui, au creux de ses mains, réside une force intense et mystérieuse prête à exploser à tout moment.

## *Les mains brûlantes*

Une puissance insoupçonnée est enclose dans les mains de Vincent ! S'il a perdu sa main pour aider les pauvres charbonniers en Wallonie, il la retrouvera à Paris pour enrichir de couleurs plus vives sa palette et, sous le soleil du Midi, il la déploiera avec encore plus de largesse à densifier les couches de peinture sur ses toiles. Mais sa main sera toujours une main qui peine, commence et recommence, une main d'éternel apprenti. À Arles, Vincent traverse une période alternée de crises dépressives et de créativité intense. Il peint pendant tout l'été brûlant d'Arles, le jour en pleine nature dans la chaleur de midi, mais aussi la nuit, dehors (*Café, le soir*) et à l'intérieur (*Café de nuit*). Sa puissance créatrice se nourrit à sa mélancolie et celle-ci est le fruit de sa fébrilité artistique. « Les petites émotions sont les grands capitaines de la vie[17] », s'exclame-t-il. Seul dans son art et seul dans son ébranlement émotif, il va son chemin et suit son destin, mais s'écrase graduellement sous le poids de sa solitude. Sujet à la dépression, ses mains empoignent la bouteille et se versent du pastis, un liquide jaune qui ressemble à celui de ses toiles. Elles ont faim de drogue pour apaiser les remous de son cœur et l'aider à fuir son mal de vivre. Se faire plaisir en se faisant mal pour oublier sa douleur et compenser son isolement et sa désolation.

D'abord hospitalisé à Arles et puis interné dans l'asile de Saint-Rémy, il va de chute en rechute, mais il connaît aussi des heures de relèvement et de parfaite maîtrise technique de son art. Dans ces intervalles de grâce, « l'horreur de la vie est moins prononcée et la mélancolie moins aiguë[18] ». Le pouvoir créateur est alors à son comble. Mais bientôt son état physique et mental ne lui permettra plus de retourner à Arles, où une partie de la population l'a pris en aversion, lui, l'étranger aux mains insolites et insolentes. Sur l'entrefaite, le peintre Pissarro, avec qui Vincent se sent en pleine confiance, lui suggère de quitter la chaleur du Sud et de s'approcher un peu plus du Nord, où demeurent Théo et Jo, ainsi que de son Brabant natal, où vit encore sa mère et sa sœur. À Auvers, au cœur du Val-d'Oise, demeure un homme sympathique, grand ami des peintres, le Dr Paul Gachet, qui est disposé à prendre soin de lui. Après avoir demandé l'avis de son frère Théo, Vincent est heureux d'accepter cette offre qui lui donne l'espoir de poursuivre son œuvre picturale. Effectivement, ses mains besogneuses se remettent bientôt au boulot sous la conduite de l'ethos du travail, héritage culturel et religieux de son père et de sa patrie, et sous la pulsion de son instinct créateur. Hélas, elles se fatigueront trop tôt et, dans un coup d'infortune fatale, elles se dresseront contre lui. En tout, trois années d'infatigable labeur des mains qui auront servi les siècles à venir !

C'est à la Ville lumière qu'il appartient d'avoir su métamorphoser le *chien fou*, comme Vincent s'appelle lui-même, en « oiseau chantant », comme l'a surnommé un critique français. Paris a su insuffler à sa lourdeur de paysan brabançon et à sa rigidité de prédicateur évangéliste un air et une luminosité qui inondent désormais son œuvre. Il peint de paisibles intérieurs de café et des paysages balayés par la brise. Les sombres figures de travailleurs font place aux portraits vivants d'amis et de lui-même au repos[19]. Sur un fond composé d'œuvres japonaises, il fait le portrait du *Père Tanguy* (1887), marchand de fournitures d'art et promoteur d'artistes méconnus. Le volcan au-dessus du petit père s'avère une allusion au caractère bouillonnant de madame Tanguy, qui n'appréciait guère que les artistes criblent de dettes la bourse de son mari. Le visage barbu, illuminé par la clarté du regard, et les mains jointes sur le gilet bleu du marchand sont de couleur orange, brun et jaune. Ce visage et ces mains se ressemblent et respirent la détermination tranquille d'un homme qui, en posant devant le peintre extravagant, ne se laisse pas troubler. C'est comme s'il voulait lui signifier : « Je ne sais pas trop où tu veux me mener, mais je ne te crains pas même si je reste sur mes gardes. » *La femme des tambourins* (1887-1888), seule assise à côté d'un tambourin, semble occuper toute la place du café, en pleine conscience de son statut de patronne. Ses yeux et ses lèvres apportent de la profondeur à son visage songeur qui semble s'allonger indéfiniment vers le haut par le truchement d'un chapeau étroit de couleur rouge. Ses bras et mains s'appuient sur la table dans toute leur longueur en signe de prise de possession. Ses mains vert pâle, dont la gauche tient une cigarette entre les doigts, sont très longues. Les coups de pinceau brefs et mordants de Vincent donnent à tout le personnage un caractère de vigilance, et de l'ensemble émane le sentiment d'un tableau nature pris sur le vif.

À Arles, Vincent, après de nombreuses études, peint *Les tournesols* (1888), une toile chargée d'une chaleur vive qui se dégage des couleurs comme des fruits mûris sous un soleil ardent. Il y réalise aussi *Le semeur* (1888), dont les habits se confondent avec le violet et le vert turquoise du champ fraîchement labouré. Par contraste, le visage et les mains du semeur adoptent la couleur jaune foncée du blé qui, à la hauteur de sa figure, se perd à l'horizon où domine un soleil d'un jaune clair torride. Malgré l'étrangeté des comportements de Vincent, certaines personnes, surtout des voisins moins méfiants que leurs concitoyens, se lient d'amitié avec lui et demeureront, leur vie durant, des gardiens fidèles de sa mémoire. Parmi eux se trouvent le *Facteur Roulin* (1888), la femme de celui-ci, *la berceuse*, et leur petit garçon *Camille*, le *Lieutenant P. Milliet* (1888), Joseph-Michel Ginoux, propriétaire du Café de la Gare à Arles, et son épouse, l'*Arlésienne* (1889), qui posent volontiers devant le peintre. Dans sa période arlésienne, Vincent mentionne souvent le nom de Joseph Roulin dans sa correspondance avec Théo. Les lettres, qu'il adresse lui-même au facteur, montrent l'assurance avec laquelle il se fie à cet homme d'allure imposante mais d'un commerce agréable. Gigantesques, la barbe brune bien fournie et ses mains dont la gauche s'appuie sur une table et dont la droite frôle la chaise dans laquelle il est assis ! Les doigts touchent la poche de son veston. Au premier coup d'œil, le spectateur est saisi par le bleuté cobalt de l'uniforme, couleur dominante du tableau. Tout est uniforme, l'habit et le métier, l'existence et le travail, l'amour et la vie ! Et pourtant, ses yeux large ouverts donnent au postier un air amusé. En effet, celui-ci semble prendre du plaisir à se soumettre au rituel de la pose devant le regard et le mouvement du pinceau de Vincent. Tout est uniforme sauf les yeux qui scintillent. Tout est bleu, sauf la coloration claire du visage et des mains qui rompt la monotonie des formes.

De madame Ginoux, Vincent fit un premier portrait à Arles et quatre autres à Saint-Rémy. Pour l'un d'eux, il s'est servi d'un croquis que Paul Gauguin avait fait du même personnage. Une ambiance de noblesse féminine se dégage de cette toile. Une robe, aussi noire que les cheveux et les yeux, qui contraste avec la blancheur de la dentelle. Un coude appuyé sur la nappe verte de la table où deux livres sont déposés, dont on ne peut distinguer les titres. Un regard franc, un visage légèrement souriant dont une joue repose sur la main gauche aux doigts repliés. Une figure dont la maîtrise de soi inspire le respect et invite à la confiance. De Saint-Rémy, Vincent a écrit quelques lettres à ses « chers amis Monsieur et Madame Ginoux ». Il s'inquiète de la santé de madame Ginoux et il trouve «étrange » qu'elle « a été malade en même temps » que lui. Avec beaucoup de reconnaissance, il se souvient des propos de madame Ginoux : « Quand on est amis, on l'est pour longtemps. » Et il se plaît à les répéter dans sa correspondance avec le couple. Il apprécie beaucoup leur bonté. « Si les gens n'avaient pas été pour moi aussi bons qu'ils l'ont été, je crois que j'aurais craqué ou que j'aurais perdu complètement la raison. » Et comme pour encourager la dame, il lui confie : « Pour moi la maladie a fait du bien. » Il projette d'aller rendre bientôt visite au couple, mais en fin de compte, il sera contraint de s'excuser auprès d'eux à cause de ses « indispositions[20] ». La porte du Midi se ferme sur lui afin que s'ouvre devant lui la porte d'un répit à sa douleur et à son désarroi, d'un sursis à la menace qui l'accable.

C'est en amoureux du Midi que Vincent décrit *La route aux cyprès* (mai 1890) dans une lettre à Gauguin, restée inachevée, jamais envoyée et retrouvée dans ses papiers. Un empâtement épais de larges coups de pinceau façonne

Vincent Van Gogh, *Champ de blé aux corbeaux*, 1890

le tourbillonnement d'un ciel de nuit, d'un croissant de lune, d'une route grise bordée de hautes cannes, d'une vieille auberge aux fenêtres orangées et de son toit vert foncé, d'un cheval et d'une voiture. Au centre de la toile, un cyprès très haut et tout droit, « comme un obélisque égyptien », et tout sombre, comme « une éclaboussure de noir dans un paysage ensoleillé ». Nul autre n'a su aimer et peindre les cyprès comme Vincent l'a fait. Il les voit « comme des flammes noires tordues, jaillissant brusquement de la terre bouleversée [21] ». Leurs formes tourmentées sont une figuration du bouillonnement intérieur de Vincent, exilé à l'asile Saint-Rémy. Bouillonnement des mains qui sans repos cueillent les couleurs du terroir. Bouillonnement d'un esprit dont les mains font revivre sur la toile sa chère Provence, à laquelle, contraint de l'abandonner, il reste profondément attaché comme à une femme bien aimée. « Sur la route une voiture jaune attelée d'un cheval blanc et deux promeneurs attardés. Très romantiques [...] souvenirs de Provence. Je graverai à l'eau-forte celle-là et d'autres paysages et motifs, je cherche à faire des études de blé, rien que des épis bleus-verts, feuilles longues comme des rubans verts et roses par le reflet, épis jaunissant légèrement, bordés de rose pâle par la floraison poussiéreuse, un liseron rose dans le bas entouré d'une tige. » Bouillonnement d'un cœur inquiet qui cherche à rejoindre un ami dont il a été séparé de force sans qu'il en saisisse exactement la raison : « Alors, je me ferai une fête de vous en donner un. Très content d'apprendre par votre lettre que vous retournez en Bretagne avec De Haan. Il est fort probable que — si vous le permettez — je viendrai pour un mois vous y rejoindre. » *Si vous le permettez !* Inconscience de Vincent, le timide et le rustre, le colérique aux mains pures et au cœur innocent qui, haut en couleurs, réitère son amitié et ne se rend pas compte jusqu'à quel point son tempérament intempestif est responsable de sa relation conflictuelle avec Gauguin. Après tout, ce n'est pas l'oreille de son compagnon de fortune, mais la sienne qu'il a coupée de sa propre main et qu'il est venu offrir à une fille de bordel ! Vincent est un affectueux, certes blessé, mais captif de sa blessure. La Provence, c'est la Chose, son délice et sa croix, comme le sont les amours d'Alfredo et de Violetta dans *La Traviata* de Verdi. La Chose, le pôle délicieux de son amour et de sa haine, ce qui à la fois l'attire et le repousse, le jardin dont il a été rejeté par les mains de l'Ange du paradis, mais avec lequel, dans la tristesse, il se confond [22].

## *Les mains tremblantes*

À Saint-Rémy, Vincent se débat avec une de ses rares toiles qui suggèrent la mort. Une étude « toute jaune, terriblement empâtée » d'un faucheur, « vague figure qui lutte comme un diable en pleine chaleur pour venir à bout de sa besogne ». Vincent y voit « l'image de la mort », l'humanité étant « le blé qu'on fauche ». Mais il n'y a « rien de triste dans cette mort », car cela se passe en plein jour « avec un soleil qui inonde tout d'une lumière d'or fin[23] ». La douleur « occupe parfois tellement l'horizon qu'elle prend les proportions de déluge désespérant. Mieux vaut alors regarder un champ de blé, même à l'état de tableau[24] ». Les champs de blé de Vincent sont des états d'âme. Ce sont des paysages extérieurs vus avec les yeux de son âme tourmentée et assoiffée de réciprocité. Arrivé à Auvers, il se remet au travail, mais hélas son pinceau lui tombe des mains. Avec détermination, il le ramasse afin de l'atteler à la composition de trois grandes toiles. « Ce sont des immenses étendues de blé sous des ciels troublés, et je ne me suis pas gêné pour exprimer de la tristesse, de la solitude extrême. » Dans ces heures de peine, il ne peut s'empêcher de penser à son petit neveu, fils de Théo et de Jo, qui vient de naître. Sans doute, il aurait mieux valu élever des enfants que consacrer « toute sa force nerveuse à faire des tableaux ». L'envie d'avoir des enfants lui a passé, « quoique la douleur morale en est restée[25] ». La *douleur morale*, regrets ou traces de quelque blessure d'amour sans retour ou interdit par les règles de la convenance familiale ? Une relation stable correspond si peu à la passion que Vincent met dans sa quête amoureuse. Grand émotif renfermé sur lui-même, colérique et menaçant, Vincent éprouve une soif sans borne ni mesure de sociabilité, d'amour et d'amitié, comme le démontre éloquemment *La chambre de Van Gogh à Arles* (1888). La vue de cette toile *est destinée à détendre l'esprit, ou plutôt l'imagination*. Les verts et jaunes de cet intérieur se veulent accueillants et célèbrent l'attente fébrile d'autrui, d'un double ou d'une âme sœur. Deux oreillers, deux chaises, deux flacons, deux carafes, deux volets de fenêtre, des cadres cloués au mur deux par deux. Ce jumelage répétitif qui sert de leitmotiv est une requête de contact intime ou de coudoiement qui va de la proximité à la réciprocité. Une invitation au partage d'un espace étroit où deux êtres cohabitent et s'épaulent, s'endurent et portent le poids des jours et des nuits !

L'une des trois toiles que Vincent dépeint pour Théo est le *Champ de blé aux corbeaux* (1890). Un ciel d'un bleu profond, taché de noir et de bleu plus clair, qui annonce l'orage. Un champ jaune foncé dont le blé se meut comme les vagues d'une mer houleuse. Des sentiers courbes brun foncé, bordés d'une verdure sombre et tumultueuse, traversent le tableau de tous les côtés et s'éloignent pour aller nulle part. Des corbeaux noirs jaillissent de l'horizon lointain et traversent le tableau pour le franchir et foncer sur nous, spectateurs muets, comme une menace implacable et inéluctable. Dans cette même période de travail acharné, Vincent peint *l'église d'Auvers* (1890). Une vieille église gothique, bancale et fragile, semble bouger et trembler sous la pesanteur d'un ciel bleu cobalt. Des lignes tortueuses, des fenêtres comme des dentelles aux trous noirs, les toits dans des tons qui vont du gris vers l'orange. Le clocher semble doté d'yeux clairs et affiche des traits d'un visage humain au sourire égrillard. Elle est vivante, cette église, telle une vieille dame qui, éclairée par la lumière du soleil, bouge et danse dans l'herbe vert foncé. Le seul personnage sur la toile est une femme qui s'en va d'un pas alerte, coiffe blanche sur la tête et tenant de ses deux mains la robe qui gonfle dans le vent. Malgré l'aspect grimaçant de cette église, une lueur d'espoir naît de la toile, un brin d'humour l'enveloppe qui repousse les humeurs acides d'un mal de vivre porté au paroxysme. Mélancolie est le mot qui rend le mieux l'air que respire le portrait du docteur Gachet (1890). « La tête, avec une casquette blanche, très blonde, très claire, les mains aussi à carnation claire, un frac bleu et un fond bleu cobalt, appuyé sur une table rouge, sur laquelle un livre jaune et une plante de digitale à fleurs pourpres. » Voilà la description que Vincent en fait à Théo, lorsqu'il lui annonce qu'il travaille à ce portrait : « c'est dans le même sentiment que le portrait de moi, que j'ai pris lorsque je suis parti pour ici[26] ». « J'ai fait le portrait de M. Gachet avec une expression de mélancolie, écrit-il à sa sœur Wil, triste et doux, mais clair et intelligent[27]. »

La toute dernière missive, que Vincent portait sur lui le jour de son décès, se termine par une prière adressée à Théo. Il est convaincu que son frère a une part importante dans la production de ses toiles, « qui, même dans la débâcle, gardent leur calme ». Et il insiste auprès de lui pour qu'il « prenne parti et agisse avec humanité » dans le conflit qui oppose « les marchands de tableaux d'artistes morts et les artistes vivants ». Voilà une preuve de la solidarité ultime de Vincent avec « les autres peintres qui instinctivement se tiennent à distance des discussions sur le commerce actuel ». Effectivement, « *nous ne pouvons faire parler que nos tableaux* », œuvres de nos mains ! Des mains qui sentent et touchent ce que les yeux ont vu, ce que l'esprit a capté et ce qu'une sensibilité à fleur de peau a éprouvé. « Eh bien, mon travail à moi, j'y risque ma vie et ma raison y a fondu à moitié. » Effondré, Vincent ne se lèvera plus.

## *Le mélancolique aux mains créatrices*

Ses mains ont beaucoup travaillé sans récolter un sou. Aujourd'hui, c'est un cliché de dire que ses tableaux se vendent à des millions de dollars. Ses toiles « jaunes » valent maintenant de l'or. Or, nous sommes à la fin du dix-neuvième siècle. Vincent n'a personne à qui vendre le fruit de son labeur. Cette douloureuse épreuve ne constitue pas seulement une perte financière, mais signifie un rejet non pas uniquement de l'œuvre, mais du créateur lui-même. Vincent y fait l'expérience du deuil de la reconnaissance sociale et de la perte de son identité. Il n'est plus rien, il n'existe plus. Ses nombreux autoportraits sont une preuve évidente de l'honnêteté du regard que Vincent porte sur lui-même. Échantillon parfait du Hollandais à la pipe à Anvers (1885-1886), d'abord dandy au chapeau blanc, et puis homme réfléchi et artiste studieux devant son chevalet à Paris (1887), moine bouddhiste et à l'oreille coupée à Arles (1888), déboussolé et anéanti à Saint-Rémy, visage tourmenté mais immobile sur un fond gris spiralé et tortueux à Arles (1889-1890). Des mains impitoyables dans leur lucidité sans faille tracent, à traits sévères et précis, sans concession ni complaisance, un visage, des yeux, des lèvres qui sont le miroir dans lequel une âme complexe et un esprit nébuleux se révèlent à l'état pur du moment. Des instantanés qui ne mentent pas. Des instants de vérité.

Or, il y a d'autres mondes, celui-ci est mort pour lui [28]. Vincent est vivant plus que jamais. Son génie créateur parle par ses tableaux. Il se manifeste dans ses paysages et ses portraits, ses champs de blé et ses nuits étoilées, ses paysannes et ses Arlésiennes. Il possède une main verte pour les herbages et les feuillages, une main jaune pour ses soleils et ses cafés, une main bleue pour ses ciels et ses uniformes, une main sereine pour sa terre natale et ses paysans. Il possède une main tourmentée pour ses cyprès et ses arbres en fleurs, une main terreuse pour ses paysannes et ses intérieurs brabançons, une main brûlante pour ses marches de jardin en pierre et ses tournesols, une main triste et mélancolique pour ses Dr Gachet. La fête de ses mains ne prendra pas fin d'aussitôt. Vincent est un être amoureux des couleurs dont regorge la nature. S'il n'est de peinture qui ne soit amoureuse, « il n'est d'imagination qui ne soit, ouvertement ou secrètement, mélancolique [29] ». Or, aujourd'hui, la mélancolie risque de disparaître du vocabulaire de la psychiatrie. Et pourtant, épreuve associée à la perte de l'objet aimé, elle est une disposition universelle de la condition humaine et donc un élément structurel de la psyché. Des liens étroits existent entre la souffrance et la culture, entre le malaise et la civilisation, entre la mélancolie et le génie, entre la dépression et l'expérience créatrice [30]. De l'immense réservoir qui contient toutes les larmes du monde, les mains de Vincent parviennent à capter quelques gouttes amères. Noircies, il les laisse couler de son fusain sur sa planche à dessin ou, changées en couleurs de terre et d'eau, de feu et de sang, son pinceau les applique sur ses toiles. De ses mains de magicien ou de démiurge naissent des croquis et des tableaux qui donnent à ces effluves salins un goût relevé et ravigotant.

Georges Leroux

# Les mains de Glenn Gould

L'énigme des mains du pianiste est leur mémoire, leur secret est l'esprit qui les habite. Tactile, physique, profondément matérielle, cette mémoire est engagée dans la répétition de l'exercice depuis les premiers touchers du clavier dans l'enfance, et elle devient avec le temps inséparable du jeu qu'elle finit par constituer. L'art du pianiste est la mémoire matérielle de son style et cette mémoire donne accès dans le même mouvement à une musique immatérielle et indépendante de lui. Les mains reconnaissent le clavier sans que le regard ait à les guider et parfois sans même que l'oreille entende la musique qui en provient : imprégnées par le rythme et par l'écriture, les mains peuvent travailler en silence. On voit des maîtres imposer des exercices sur des claviers muets et on en voit d'autres qui pour forcer les doigts exigent de s'exercer sur des claviers plats, où seule la position des touches blanches et des noires est indiquée, mais privée d'enfoncement.

Les doigts qui s'y exercent n'y sentent ni poussée ni traction, ils ne font que répéter les mouvements abstraits d'une partition. En incorporant l'écriture, ils reproduisent le tracé de la partition. Les mains ne sont elles-mêmes que l'instrument le plus visible et le plus complexe d'un système qui met en branle les coudes, les épaules, tout le corps. Les pianistes qui travaillent avec minutie les doigtés s'appliquent à les reporter sur les partitions, mais la mémoire du jeu fait intervenir bien plus que la décision de recourir à l'index ou au majeur. La puissance de la frappe ou sa délicatesse répondent aux indications de la partition, et chaque pianiste sait que son art dépend d'un travail du corps qui ne peut être repris ou recommencé à chaque fois : ce travail vient former une mémoire, il est la mémoire même de l'art qui vient à la rencontre de l'œuvre. Il est dans le corps, il est hors du corps. Les mains et la mémoire, telle pourrait être l'aporie du pianiste.

Glenn Gould aimait à dire que la musique qu'il jouait possédait une existence séparée et immatérielle. Elle existait pour ainsi dire sans ses mains, lui qui pourtant donna à ses mains le soin et l'exercice les plus élevés, les plus exigeants. Ce paradoxe n'est certes pas le seul dans sa pensée, mais c'était pour lui un paradoxe insistant et très concret : il affirmait ne jamais jouer une pièce sur le clavier avant de l'avoir entièrement mémorisée. Il disait même qu'il pouvait jouer et répéter une pièce sans toucher le clavier. Il la mémorisait cependant en la jouant avec ses mains, mais mentalement. Comment une mémoire de l'œuvre peut se construire sans ce rapport sensible au toucher, il est difficile de le comprendre si on n'admet pas comme Gould que la musique est une chose d'abord mentale, spirituelle, et qu'elle se rapproche plus d'un théorème mathématique que d'un geste du corps, que du travail des mains. Mais que veut dire ici « se rapprocher plus » ?

Cette position qui emprunte tout à une forme de platonisme sublime le conduisait à des conclusions extrêmes : l'existence d'une œuvre non seulement était indépendante du corps de l'artiste, mais il n'était finalement pas très important qu'aucune soit jamais jouée, si on pouvait y avoir accès autrement. Le pianiste peut-il donc jouer sans ses mains, avec son seul esprit ? Tous ceux qui ont entendu Gould sans le voir savent que son jeu possédait des caractéristiques très particulières, pour la plupart tributaires de cette esthétique de la séparation et de l'abstraction. La clarté, la précision de la ligne, la transparence du contrepoint y sont l'objet d'une attention qui en fait un style, et ce style commande à son tour le choix d'un répertoire qui préfère Bach et les virginalistes anglais aux œuvres romantiques. On pourrait presque dire que Gould avait fait le choix d'une musique de l'esprit, et non d'une musique du corps.

Tout pourtant dément ce portrait convenu, qui est à la fois vrai et inadéquat. Vrai en ce qui concerne l'esthétique, mais inadéquat et très partiel pour ce qui a trait au jeu lui-même. Si on peut dire que Gould ne jouait pas avec ses mains, mais avec son esprit et que sa musique relève d'un idéalisme affirmé, il suffit de regarder les nombreux enregistrements qui ont été conservés sur film pour voir autre chose. Tant dans les captations filmées de ses concerts, par exemple ceux de sa tournée en Russie, que dans les séances tournées avec Bruno Monsaingeon, nous voyons en effet un corps qui n'est pas le simple relais mécanique d'une pensée, mais un corps au travail, un corps en acte. Décrire ce corps, c'est tenter de saisir une extase intérieure et une voix qui chante, une extase qui ne se cache pas, une voix qui se fait entendre et révèle le secret du chant.

Si nous ne pouvions voir ce corps, ou même entendre cette voix que Gould a refusé de supprimer — même dans les enregistrements où il aurait pu le demander, car au concert, il ne pouvait le faire —, aurions-nous la même perception de son jeu, saurions-nous avec autant de certitude ce qu'il avait choisi de jouer et de donner comme interprète ? Cette question obsédante ne s'adresse pas qu'à lui. Il arrive qu'en choisissant une place de concert on veuille pouvoir voir le jeu de l'artiste : on veut voir les mains, on veut voir le corps dans son rapport à l'instrument, on veut voir l'artiste. Que dirions-nous par exemple si le concert se donnait désormais derrière un voile nous cachant les interprètes ? Nous serions alors dans la position de purifier l'écoute du trouble de la vue, mais perdrions-nous quelque chose ? À suivre Gould, nous ne perdrions rien, mais aurait-il raison ?

Les mains de Glenn Gould comme tout son corps, il a voulu les soustraire au regard en abandonnant le concert. Cette décision était motivée par des raisons très complexes, allant du besoin de fuir le monde de la compétition, qui transforme l'artiste en animal de cirque, au désir d'intervenir techniquement sur l'interprétation en investissant le travail du studio. Mais un des effets les plus paradoxaux de cette décision a été d'amener Gould devant les caméras de télévision et de cinéma, et à multiplier son image, alors que le concert la maintenait réservée à des publics très restreints. Gould a donc soustrait ses mains et son corps au regard direct du public, mais il les lui a redonnés par l'intermédiaire de la caméra. Qu'on regarde le film qu'a tiré de l'exécution des *Variations Goldberg* le musicologue Bruno Monsaingeon ou encore son plus récent témoignage, *Au fil du temps*, où il a rassemblé plusieurs extraits inédits, et notamment une pièce de Brahms qui nous donne accès à une émotion très rare, le constat est le même : les mains de Gould, tout le jeu de son corps ne sont pas indifférents à ce que nous entendons, ils font entendre en donnant à voir. Nous serions privés d'un accès privilégié à la musique si nous ne pouvions nous associer à cette intensité particulière qui traverse tout le jeu dans le corps.

On a souvent écrit que le jeu de Gould était d'abord mis au service de la structure, peut-être au détriment de l'expression : cette manière de dire les choses veut mettre en relief le privilège de la forme musicale, exposée dans le contrepoint, sur les autres aspects de la musique, mais elle laisse injustement dans l'ombre, et pour ainsi dire caché derrière un voile, le travail du corps. Le paradoxe de la pensée de Gould sur la musique et le corps se reproduit donc dans sa décision de quitter le monde de l'apparition dans le concert et de la multiplier ensuite dans l'image filmée.

L'image de Gould assis sur sa fameuse petite chaise basse et bancale, le forçant à une inclinaison des coudes et des épaules qui va jusqu'à briser la ligne de son cou, est la plus connue parmi toutes celles qu'on peut voir aujourd'hui. Si on la compare aux photographies prises par son ami Jock Carroll, alors qu'il n'avait que vingt-quatre ans, on voit la transformation de la posture à travers le temps. Si cette position était la préférée de Gould, qui pourtant le contraignait à des soins de physiothérapie constants, c'est parce que selon lui elle favorisait une certaine netteté dans l'attaque et permettait plus de puissance dans le développement. Les mains de Gould avaient été dès les premières années de sa formation auprès de son maître, Albert Guerrero, exercées dans une position de frappe qui a été depuis beaucoup étudiée. Il s'agissait d'une forme d'exercice de martèlement des doigts indépendant du contact avec le clavier. Sur le piano Chickering de son enfance, ou ensuite sur son Steinway de prédilection, Gould n'a pas cessé de rechercher une touche parfaite, c'est-à-dire non seulement un ajustement des doigts et du mécanisme de traction, mais une continuité idéale dans l'articulation et la répétition des touches. Cette recherche entre-t-elle en contradiction avec sa profession d'idéalisme ? Quoi qu'il ait dit de la distance de l'idéal musical ou de l'œuvre séparée, Gould le pianiste est demeuré toute sa vie lié pour ainsi dire physiquement à son clavier. Il pensait certainement que le travail de ses mains, que tout son corps devaient être soumis à une forme d'idéalité de la musique, mais il s'abandonnait entièrement à cette recherche physique qui devait le faire coïncider avec son instrument.

Dans les images que nous conservons de lui, nous retrouvons l'expression de ce qu'il avait lui-même formulé comme la finalité ultime du travail de l'artiste : « Le but de l'art, écrivait-il, n'est pas la libération momentanée d'un peu d'adrénaline, mais il s'agit au contraire de l'édification graduelle, tout au cours de la vie, d'un état d'émerveillement et de sérénité. » Cette petite phrase mériterait une longue méditation, car elle engage l'esthétique de Gould, et en particulier le choix des œuvres, vers des fins qui dépassent la nature même de la beauté. L'émerveillement (*a state of wonder*) et la sérénité ne sont pas à proprement parler des émotions, mais des attitudes, des états moraux, des formes de sagesse que toute la philosophie, de Kant à Heidegger, a tenté d'exprimer dans une continuité profonde avec les idéaux de l'éthique. Le jeu de Gould le montre souvent lui-même emporté intérieurement par un ravissement qui le mène dans un espace séparé, coupé des contingences du monde, et dans cet espace son corps transformé, ses mains et ses bras deviennent l'expression de cet émerveillement. Le regard est retourné vers l'intérieur, les yeux sont fermés et la fusion avec l'instrument est absolue. Cette intensité ne résulte pas d'une tension dans l'émotion, puisque le répertoire l'exclut pour ainsi dire a priori. En favorisant des œuvres dont l'archétype serait *L'art de la fugue*, Gould a investi une forme de symétrie entre la parfaite clarté du jeu au clavier et la musique du contrepoint. L'émerveillement n'est justement possible qu'à compter de cette coïncidence.

Cet amour de la polyphonie n'est pas sans relation avec la structure même de la main humaine. Tous les instruments qui exigent un doigté n'ont pas la même structure : qu'on compare une clarinette et un piano. Le travail des doigts y correspond certes de la même manière aux échelles des sons et à leur dynamique, mais seul le piano, peut-être en raison de la simplicité du son qui résulte de la percussion des marteaux feutrés sur les cordes, possède la transparence et la clarté nécessaire pour parvenir à s'identifier pratiquement au travail des voix. Des œuvres aussi simples en apparence que les *Inventions* illustrent ce point clairement. Le piano, Gould n'a cessé de le répéter, est par essence un instrument polyphonique et ceux qui ont étudié son art comme instrumentistes ont insisté sur ce rapport intime du jeu à la polyphonie.

L'histoire de la musique nous montre que l'instrument apparaît très tardivement, si on le compare aux percussions, aux cordes et aux vents : le piano arrive presque en dernier. Ce fait ne devrait pas nous étonner, car il achève le lent processus par lequel le corps humain a trouvé dans l'instrument une forme chaque fois plus complexe, mais aussi chaque fois plus proche de lui. Souffler dans une flûte d'os rend possible la mélodie, tambouriner une peau d'animal permet d'exprimer les rythmes et les intensités, mais seul le clavier dans sa parfaite conformité à la structure des deux mains a permis l'expression achevée de la polyphonie. Il suffit pour cela de regarder le mouvement rythmé des doigts qui percutent et des touches qui s'enfoncent pour saisir la nature de l'ajustement matériel du contrepoint et du travail des mains sur le clavier. On peut même se demander comment l'échelle de l'octave, formée dans la théorie musicale avant l'invention du clavier, a pu contraindre le clavier à se configurer autrement que selon le principe des cinq doigts.

Quand Gould dit souhaiter se séparer le plus possible de son instrument, c'est donc une autre forme du paradoxe du jeu qu'il vient renforcer : plus en effet les mains sont ajustées au clavier, dans l'exercice du rythme et de la polyphonie, plus la ligne de la musique se détache de son incarnation matérielle, plus elle s'élève au-dessus des sons. C'est de cette manière que Gould concevait l'art du pianiste, comme un art qui par le moyen d'un engagement matériel parfait dans le clavier parvenait à le transcender complètement. L'instrument n'est au bout du compte que l'extension de ses mains, et comme elles il se soumet à la partition abstraite, à la ligne portée dans la pureté de l'écriture.

Gould n'a jamais revendiqué une esthétique pianistique, fondée sur l'expressivité particulière de l'instrument. Il pensait au contraire que les ressources du piano étaient quasi indifférentes à ce qu'on pouvait attendre de la perfection de la musique écrite pour clavier, c'est-à-dire la beauté absolue d'une ligne développée dans un motif de contrepoint. On peut légitimement se demander ce qu'il entendait quand il jouait, puisque la perfection du détachement résidait pour lui dans une sorte d'absolu du silence, dans une contemplation sereine accessible seulement dans la forme. Mais quoi qu'il ait entendu, il l'entendait à travers le martèlement rythmé de ses deux mains. Dit autrement, il ne l'entendait pas dans une sonorité particulière, mais dans une action distincte.

Cette approche explique peut-être le choix d'instruments à la sonorité « translucide », il vantait son vieux Steinway CD 318 en évoquant le caractère précis de son articulation et il parlait du piano de son enfance comme d'un instrument offrant une prise « tactile » directe. Les traits particuliers de son jeu confirment cette préférence pour des instruments clairs et précis, capables de soutenir d'abord la netteté de la ligne, de révéler la structure. On peut cependant faire un pas de plus et suggérer, avec ceux qui ont le mieux étudié son jeu, que Gould cherchait toujours à reproduire une forme d'orchestration imaginaire, tant la forme du contrepoint lui paraissait la forme naturelle de toute musique. Il ne pouvait s'agir que de voix, chacune pouvant s'identifier à un instrument particulier. On le voit par exemple, dans un film de Bruno Monsaingeon sur les instruments, préciser les choix qui s'offrent à l'interprète de Bach en comparant les voix au travail des cordes, comme si les registres pouvaient être déduits de l'écriture polyphonique. On a même suggéré que son interprétation des *Variations Goldberg* reposait sur une lecture analogique qui identifiait l'œuvre à un quatuor à cordes. Cette analogie instrumentale ne présenterait pas tant d'intérêt si Gould n'avait choisi de la maintenir dans le cadre même d'un jeu monochrome et, selon l'expression de Kevin Bazzana, presque toujours « blanc et noir ». On pourrait dire presque d'un jeu entièrement absorbé dans le travail des mains et indifférent aux effets du son. Le déplacement des doigts sur le clavier demeure certes inséparable de l'intensité de la percussion, et tous ces aspects de son jeu ont été étudiés, mais rien ne semble plus proche de cette idéalité de la musique que la fusion des mains dans le travail du contrepoint.

Les mains du pianiste possèdent cette somme de pouvoirs : articuler, phraser, percuter avec force ou légèreté, enfoncer ou retenir, accélérer ou ralentir, mais aucune de ces actions ne domine le jeu autant que la capacité de séparer, d'abstraire, de disposer dans le temps les éléments de l'écriture. Le contrepoint est d'abord une technique de développement privilégiant les liens et la progression et sa beauté ne résulte pas seulement de son rapport quasi métaphysique à la temporalité, mais aussi et surtout du fait que seul le contrepoint peut transformer une temporalité pure en chant. Tout l'art de Gould est arrimé à cet équilibre où la complémentarité des mains, identifiées aux voix, en arrive à soutenir l'écriture du contrepoint en l'exposant. Gould n'a pas toujours été indifférent aux aspects expressifs, mais plus son travail s'est approfondi, plus il s'est purifié et si on écoute, par exemple, les enregistrements des *Partitas* de Bach on voit qu'il a pris, avec le temps, le risque de jouer pour ainsi dire à mains nues, c'est-à-dire sans engager dans le jeu autre chose que le travail des mains. Son recours à la pédale a été de plus en plus réduit, ce qui a contribué à accentuer le travail sur la ligne et sur les voix. Cette approche allait de pair avec son éloignement toujours plus affirmé du répertoire romantique : la beauté du chant se soutenait d'elle-même, elle n'avait besoin d'aucun des artifices recherchés dans le son.Faisant retour sur ces images de Gould au clavier, nous sommes placés dans la position de ceux qui reçoivent de sa dévotion à l'art d'abord ce que lui-même en a reçu : son corps emporté, ses mains se déployant de la manière la moins naturelle sur le clavier, son visage ravi, tout cela se révèle essentiel à la forme de l'interprétation. Dans son corps emporté, nous avons accès à notre propre ravissement, nous savons que l'émotion de la musique traverse les corps.

L'histoire du soin que Gould portait à ses mains, sa crainte du froid autant que de tout contact physique, son conflit avec le technicien de la compagnie Steinway qui lui avait donné une tape amicale sur l'épaule et dont il prétendit qu'il avait ruiné sa capacité de jouer pour toujours, tous ces éléments vont bien au-delà de l'anecdote et nous donnent accès à autre chose : derrière le ravissement, l'angoisse de perdre, la détresse du manque.

Très tôt dans sa vie, ce pianiste avait pris conscience de son génie, et il avait dû s'habituer à vivre une vie d'exception, faite de solitude et de phobies de toute nature. Pour l'homme ordinaire, les mains ne sont que des mains, il ne craint pas de les blesser à tout instant. Pour le pianiste de génie, les mains sont à la fois le dépôt de la mémoire et la connexion matérielle avec la musique du clavier. Il n'est donc pas surprenant de voir Gould commencer très tôt à souffrir de tensions et de douleurs diverses dans les bras et les épaules et devenir consommateur chronique de médicaments de toute sorte: malgré qu'il ait reconnu l'immatérialité de la musique, et malgré qu'il ait été gratifié du don d'accéder à l'œuvre dans l'écriture au point de l'entendre sans la jouer, et cela dans ses mains mêmes, il apprit à souffrir de toutes les blessures, de toutes les pertes qui touchent ceux pour qui l'art repose sur leur corps. Les pianistes ne sauraient être comparés aux écrivains, cela leurs mains le montrent d'emblée.

Glenn Gould est mort il y a vingt-cinq ans, il avait cinquante ans. Les dernières images que nous avons de lui montrent le corps d'un adolescent prématurément vieilli. Mais si on regarde ses mains attentivement, on verra qu'elles sont intactes. Toute sa vie, Gould les avait protégées de tout contact autre que la musique.

*Michel Tremblay, écrivain et dramaturge*
*et Rita Lafontaine, comédienne*

Roger Cevey

# La main aïki

UNE INTRODUCTION À L'ART DE L'AÏKIDO DEVIENT ICI LE PRÉTEXTE à une réflexion sur la polymorphie de la main et la polysémie de son rapport au monde. S'il est banal d'évoquer la dimension instrumentale de la main à l'instar du corps humain dans son ensemble ( Mauss ), il reste encore à distinguer les nuances et avoir l'audace d'en dire peut-être son autonomie. En préambule, un mot sur le contexte de notre exploration. L'aïkido fait partie des arts martiaux — et non martiaux — modernes, les *do* ( voie ), c'est-à-dire les pratiques qui visent autant si ce n'est davantage la réalisation de l'homme que son efficacité. Les *do* sont issus des *jutsu* classiques ( art, technique ) et appartiennent à la période moderne du Japon, l'ère *meiji*, qui fait suite quasi sans transition à l'époque féodale, soit à la fin du dix-neuvième siècle.

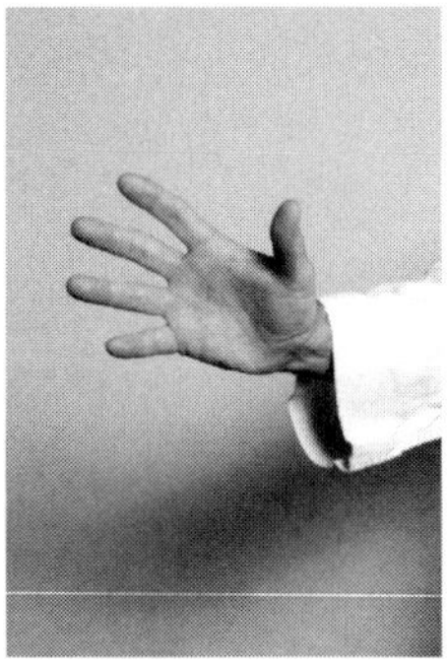

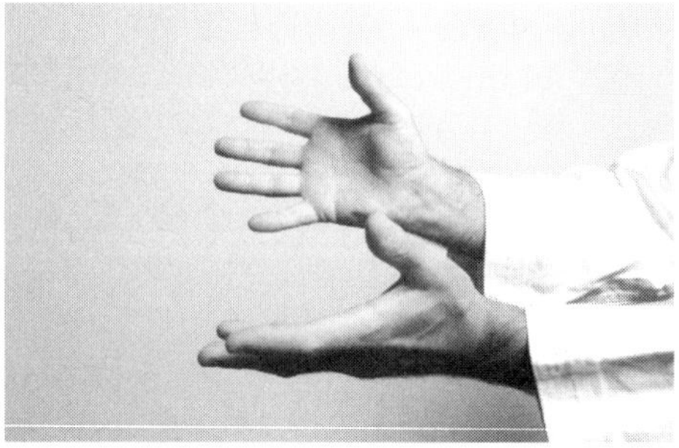

Les arts en « do » ( judo, karate-do, kendo, iaï-do [ sabre ], aïkido, kyudo [ tir à l'arc ], shado [ cérémonie du thé ], kado [ calligraphie ], ikebana-do [ art floral ], etc.) participent, dès les années 1920 environ, à un mouvement éducatif que nous pourrions dire démocratique puisqu'il vise la santé et globalement l'épanouissement de la jeunesse et du citoyen japonais en général. À l'inverse, les arts traditionnels ne concernaient qu'une élite, les samouraïs ( ou *bushi* — l'homme de guerre ) ainsi que la noblesse.

Ajoutons que *do* et *jutsu* contiennent une dimension « spirituelle » ( essentiellement par le bouddhisme ) qui vise notamment l'acceptation de la mort et l'impermanence de la vie, une quête de sens universelle au sujet de notre condition humaine qui est le fait également de maintes réflexions philosophiques en Occident, d'Épicure à Camus en passant par Spinoza ou Montaigne.

L'aïkido est né dans l'entre-deux-guerres dans l'esprit d'un homme, Morihei Ueshiba ( 1885-1969 ), qui était profondément préoccupé par la question de la pacification tant individuelle que collective. Sans doute motivé par le climat historique et ses expériences personnelles, il chercha rapidement une méthode qui pouvait éduquer ( au sens de faire grandir ) l'humain en l'aidant à canaliser ses forces destructives tout en postulant la possibilité d'une intégration du conflit dans le sens de « conflit créateur ». Il a ainsi tenté d'offrir une voie de rechange à l'affrontement ( interne ou externe à l'individu ) qui est devenue l'aïkido : *Aï*, la coordination ou l'harmonisation ; *Ki*, l'énergie ou la force physique et mentale ; *Do*, la méthode ou la voie. Une méthode pour la coordination des forces physiques et mentales. Une ambition qui se décline en une vaste palette de techniques diverses : méditatives, respiratoires, énergétiques, éducatives et, bien évidemment, martiales.

L'aïkido est de plus fondé sur des considérations éthiques dérivées de plusieurs philosophies et religions orientales ( avec peut-être un zeste d'influence occidentale, selon les opinions ). Rappelons que, dans la plupart des cas, les actions de combat conventionnel sont linéaires et favorisent une symétrie du rapport de force qui mène à des blessures graves ou la mort. L'aïkido vise à rediriger et neutraliser l'agression. Face à un adversaire qui lance le défi — « je vous mets au défi d'essayer de me changer mais je suis plus fort que vous » —, le pratiquant d'aïkido évite la provocation et tente de déjouer cette impasse en modifiant l'intention de départ tout en limitant les conséquences néfastes. La comparaison avec le judo est insuffisante : alors que celui-ci préconise de « pousser si l'on vous tire et de tirer si l'on vous pousse », l'aïkido propose de tourner si on vous pousse et d'entrer si l'on vous tire. Ce sont ces mouvements de toupie et d'adhésion qui sont caractéristiques de sa pratique. L'aïkido ne veut aucunement battre l'adversaire, mais modifier son intention agressive.

Cette intention va inévitablement poser le problème d'un écart entre une valeur affichée ( l'apaisement du conflit ) et la pratique ( les moyens d'action ) ; les compétences du pratiquant vont être alors déterminantes.

Le fondateur de l'aïkido a voulu sortir des stéréotypes de « coupables et d'ennemis » et considérer l'adversaire comme un partenaire ( *aïte* : celui avec qui l'on est, étymologiquement, « la main ensemble » ), nous saisissons d'emblée

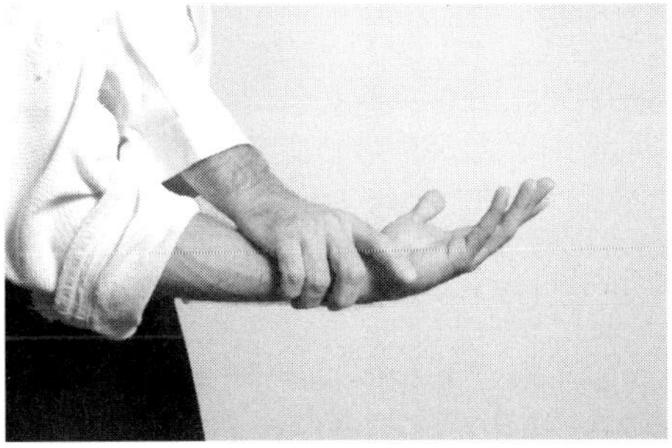

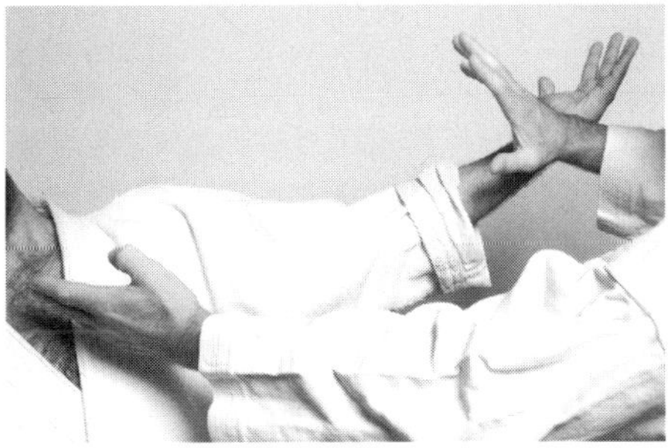

la portée symbolique de la main dans cert art. *Aïte* est une personne que l'on considère comme équivalente à soi sur le plan moral mais qui est différente, notamment par son comportement d'attaque. Ce processus de différenciation caractérise la démarche *aïki* qui s'élabore en deux mouvements : séparer et réunir.

Précisons que notre réflexion peut, modestement, traduire la conception de la main en Extrême-Orient. Les mains symbolisent, par leur juxtaposition (telles les mains en prière), l'union de ce qui est en apparence séparé, le postulat étant que les polarités sont les parties d'un même ensemble qu'on ne peut séparer, les deux bouts d'un bâton. Ou, plus explicitement pour la pensée rationnelle, ce qui importe dans une boîte, c'est que l'intérieur soit différent de l'extérieur ; pour la nature, les deux côtés d'une boîte sont ce que l'intérieur et l'extérieur possèdent en commun[1]. Cette vision se retrouve aussi au niveau énergétique : les mains sont conductrices des polarités de la vie et de l'univers (le *yin-yang* de la tradition chinoise), et si la main gauche contient l'énergie *yang*, et la main droite l'énergie *yin*, les doigts sont, en acupuncture, les terminaisons de six méridiens énergétiques (cœur, poumon, maître du cœur, gros intestin, intestin grêle, triple réchauffeur).

Ainsi l'aïkido vise un double objectif : harmoniser les contraires et rétablir une intégrité physique et morale. Intégrer le conflit revient à l'inscrire au cœur d'une harmonie sous-jacente où les opposés sont des pôles inséparables : « On dit que celui qui professe le vrai sans voir le faux, l'ordre sans voir le désordre, ne comprend rien à l'ordre de l'univers ni aux réalités des êtres. Il est pareil à celui qui professerait le ciel sans voir la terre, la lumière sans voir l'obscurité. Son action est nécessairement vouée à l'échec, et s'il s'obstine dans ses discours, il est de toute évidence ou un ignorant ou un menteur » (Tchouang Tseu).

Selon cette conception d'origine taoïste, l'humain a pour tâche de s'inscrire dans le mouvement naturel des choses en étant le moins invasif, le moins perturbant possible. Or l'attaque était considérée par Morihei Ueshiba comme un acte de séparation, de rupture d'avec l'unité fondamentale. C'est là qu'intervient l'aïkido comme un art de réunification, d'apaisement des conflits.

Processus unificateur pour lequel le bras et la main sont prépondérants, moins puissants que la jambe et le pied, mais autrement plus subtils, d'autant plus que le but n'est pas la destruction de l'adversaire-partenaire.

## *La main créatrice*

La main devient le symbole, l'instrument et peut-être l'actrice de cette intention réconciliatrice. Sa fonction première est dès lors créatrice afin de déjouer la violence en présence et les risques de symétrie ou d'impasse. Ajoutons que cette créativité va s'exprimer avant tout de manière paradoxale, nous y reviendrons.

Créativité aux multiples visages puisque la main (*te*) doit pacifier, réunir, identifier, détacher, être précise, transformer, organiser, séparer, donner la vie, savoir, intensifier, contrôler, guider, conduire, pondérer, être juste, surprendre, interpeller, protéger, distancer, capter, saisir, déprendre, orienter, suivre, accompagner, rassurer, immobiliser, mobiliser, libérer, construire… Voyons quelques-unes de ces différentes fonctions plus en détail.

*La main vivifiante*

Une expression japonaise dit « *satsu jin te, katsu jin te* » : « la main de l'homme peut donner la mort comme elle peut donner la vie, devenir mortifère ou vivifiante ». Dicton qui s'illustre par la forme que prend la main lorsqu'elle est fermée ou ouverte, fermée pour refuser ou frapper, ouverte pour recevoir, donner ou caresser. C'est en cela que la main *aïki* est créatrice, elle donne la vie là où la mort voudrait s'insinuer.

Les finalités de l'aïkido sont désormais assez claires : une pacification, une unification, un apaisement tout au moins, vers un mouvement de vie, de réconciliation. Ce sont ces mêmes nobles intentions qui participent, de manière moderne, au bien vivre ensemble. Ce souci de tranquillité face à un contexte d'agitation et d'insécurité mobilise autant le citoyen du passé que le citoyen contemporain. Dans cette perspective, l'aïkido devient un art du quotidien ou le combat n'est plus celui d'un guerrier, mais d'un humain qui cherche l'apaisement des tensions et des conflits de la vie ordinaire.

En nous référant au quatre négations structurantes de la philosophe Simone Weil, nous pouvons peut-être encore mieux comprendre ce que nous entendons par « main vivifiante ». Ces négations attendent d'être transformées en positif ce que nous nous proposons de faire à l'issue de chacune d'elle.

La première négation est « Ne rien croire à l'abri du sort », que nous traduisons en : ne pas surestimer ses compétences, rester humble, et qui se concrétise par garder les mains disponibles et vigilantes.

La seconde négation est « Ne jamais admirer la force », que nous traduisons en ne pas la montrer de manière ostentatoire et provocante, et qui se concrétise par garder les mains ouvertes et accueillantes.

La troisième négation est « Ne pas haïr les ennemis », que nous traduisons en ne pas regarder avec un préjugé défavorable, et qui se concrétise par garder les mains à une juste distance.

La quatrième négation est « Ne pas humilier les malheureux » que nous traduisons par limiter les gestes à l'essentiel, et qui se concrétise par garder les mains actives pour le maintien de l'intégrité.

*La main organisatrice*

Le terme « organiser » peut sembler bien instrumental et ramener au monde de l'entreprise. Sans en être tout à fait éloigné, le sens est à considérer dans sa définition japonaise de *sabaru*, « distribuer, faire circuler », à l'image du policier qui coordonne la circulation lorsque les feux de signalisation sont en panne. La main a donc une fonction de mise en mouvement, de mise en vie.

Qui dit mouvement dit aussi changement, d'autant plus dans un contexte culturel fort influencé par la tradition chinoise : « Le dur et le rigide conduisent à la mort, le souple et le faible conduisent à la vie[2]. » La vocation mobilisatrice de la main va par conséquent être déterminante dans l'application des techniques. Le lecteur n'y verra peut-être qu'un simple truisme, or il n'en n'est rien, car il ne s'agit pas seulement de transformer de la matière, mais de le faire sans la brusquer. Il convient de ne pas confondre un changement en douceur et un changement en force.

Cela se manifeste plus précisément par un accompagnement de la main : lorsqu'on guide une personne aveugle pour traverser la rue, on ne contraint pas son mouvement, on l'aide à parvenir à son but.

Dans cette conduite, la main peut précéder le mouvement du partenaire ou elle peut le suivre. Dans un cas comme dans l'autre, l'objectif est de ne pas contrarier la personne qui attaque afin de ne pas augmenter les risques d'agressivité ou de réaction. Marier son propre geste à celui du partenaire traduit l'intention de pacification de l'aïkido.

On peut ici considérer deux options philosophiques : celle d'intégrer le partenaire à son propre mouvement et celle de s'unir au mouvement du partenaire. Dans le premier cas, *aïté*, malgré lui, se « fusionne » au pratiquant d'*aïki* ; dans le second, c'est le pratiquant qui « fusionne » avec *aïté*. Cela revient à imposer une adaptation au partenaire ou s'adapter à lui. La notion de fusion n'implique pas ici d'indifférenciation entre les partenaires, comme nous l'expliquerons dans « La main séparatrice ». Le mouvement *aïki* oscille entre une tendance et l'autre.

*La main conductrice*

En fait, il faut distinguer « conduire » et « manipuler ». Une manipulation profite au manipulateur et non à sa victime, alors que conduire est une action entreprise dans un sens positif, conduire un entretien, un véhicule, etc. L'intention du pratiquant est par conséquent déterminante, là où le mouvement pourrait sembler identique pour un œil non averti.

Si cette action est trop forte, *aïté* va se bloquer, contre-attaquer, résister, etc. Il s'agit de parvenir à entrer dans son mouvement et en partie de se soumettre à la réalité qu'il nous impose, tout en prenant l'initiative de la suite de l'action en essayant d'aller le plus possible dans le sens du mouvement initial et ce jusqu'à l'issue naturelle du mouvement en le prolongeant suffisamment pour que l'attaquant et l'attaqué soient tous deux inscrits dans un même processus qui les met l'un et l'autre hors de danger. La force de l'attaquant est ainsi réorientée, guidée vers un accomplissement non destructeur.

*La main contrôle*

Ce n'est pas pour autant que la main est molle, au contraire. Vide serait le mot le plus approprié pour traduire l'intention orientale de l'état de la main. Vide (*kara*, comme dans karate-do), au sens de ne pas détenir d'arme, mais aussi dans un second sens : sans but ni esprit de profit (principe de *mushotoku*, propre au bouddhisme zen). Nous pouvons ainsi postuler une main qui ne veut pas nuire ni atteindre un profit qui pourrait être moralement discutable. Une main qui s'allie au mouvement en présence, qui ne cherche pas à contraindre mais à restituer l'harmonie sous-jacente (le *wu-wei* du taoïsme[3]).

La différence est celle que nous pourrions établir entre contrôle et maîtrise. Le contrôle est le fait de la compétence à contenir un certain nombre d'éléments de la réalité tout en acceptant que d'autres ne puissent l'être, alors que la maîtrise implique un contrôle absolu des éléments en présence.

L'aïkido est un art de déprise plus qu'un art de prise, comme lorsqu'on dit vulgairement « une prise de judo » ; il n'est donc pas une technique de saisie. Un art de déprise puisque le pratiquant ne cherche pas à retenir son partenaire mais à éviter un affrontement avec lui, et plus discret sera le geste *aïki*, plus adéquat il sera. Un art de déprise qui pourrait sembler peu efficace alors que l'efficacité réside pour l'Occidental bien souvent dans le plein et non dans le vide. Rappelons le Lao-Tseu à ce propos : « On façonne l'argile pour en faire des vases, mais c'est du vide interne que dépend leur usage. Une maison est percée de portes et de fenêtres, c'est encore le vide qui permet l'habitat. »

Un art de déprise qui veut surtout éviter l'emprise sur l'autre en inversant les postures attaquant/attaqué. Cette déprise passe par la création d'un tiers, le tiers-centre ; pour que ce ne soit ni l'axe vertical d'*aïté* qui serve de pivot à son action offensive ni l'axe du pratiquant d'aïkido, il importe qu'un nouvel axe puisse être créé afin que les deux partenaires entrent dans un mouvement d'ensemble (*doko suru*, « aller ensemble »).

*La main « caresse »*

Il en est de la main *aïki* comme de celle de l'adulte qui a envie de caresser un nouveau-né, dans une tension entre le « trop » et le « pas assez », cette tension particulière entre retenue du geste par crainte de blesser et pression du geste par attirance, entre respect et désir.

Lorsque le geste va trop loin, il risque de blesser, de manquer sa cible, d'envahir ; lorsque le geste est insuffisant, le risque est d'être blessé ou de se laisser envahir. La main va non seulement se positionner le plus adéquatement possible dans l'espace et dans le temps (*naka-ima*, « ici et maintenant »), mais le faire avec l'intensité nécessaire à cette forme d'accompagnement dont nous avons parlé plus haut.

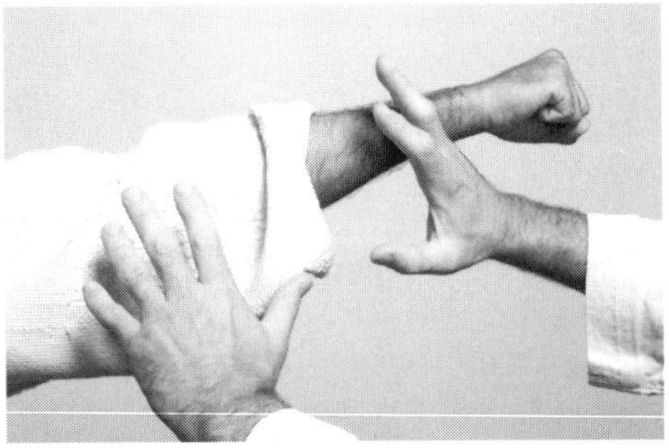

*La main* hara

Voici un concept on ne peut plus spécifique à la tradition japonaise : le *hara*[4] désigne la région abdominale qui est considérée comme vitale, à juste titre, et où, selon la tradition japonaise, siège une part de l'esprit (*shin*), ce qui va beaucoup moins de soi pour un Occidental. Le *hara* est le contenant de la matrice, et donc de la vie, il est aussi le centre de gravité du corps humain ainsi que selon la tradition le siège de l'énergie (*ki*), dont le point central est le *seïka-tanden*. La main *hara* est le prolongement de ce centre originel, ainsi chaque mouvement d'aïkido part de ce centre abdominal. C'est en cela qu'on peut considérer la main comme une entité pensante.

La main apparaît comme l'expression concrète de notre rapport au monde, elle dit ce que nous avons dans les tripes, elle se marie aux éléments naturels, elle monte vers le ciel et redescend vers la terre, tels le feu et l'eau.

La main est fondamentalement liée à nos émotions, à nos sentiments, elle est le lien avec notre intériorité, nos limites et nos possibilités. La main est la continuité de nous-même, elle ne peut pas être ce que l'on voudrait être mais bel et bien ce que l'on est, nous pourrions presque dire que la main est conscience de soi.

*Main consciente*

Mais la main est aussi consciente du monde ; en aïkido, les mains sont comme les antennes d'une langouste ou d'un insecte, elles permettent de sonder l'environnement immédiat, de mesurer, d'évaluer, elles sont aussi importantes si ce n'est davantage que les sens visuel ou auditif. Elles offrent une perception affinée, en quelque sorte elles savent et agissent en conséquence.

L'expérience et la connaissance font que la main donne l'impression d'une autonomie, d'une liberté qui épargne un recours à la pensée, plus subtile qu'un automatisme qui permet de conduire un véhicule sans réfléchir ou de frapper sur les touches d'un clavier d'ordinateur.

*Main paradoxale*

La main tout comme l'attitude entière du pratiquant d'aïkido est paradoxale. Elle est censée protéger et pourtant elle semble laisser l'attaquant poursuivre son attaque, elle est censée contraindre et elle ne fait qu'accompagner, elle est censée maîtriser et elle ne fait que contrôler, elle est censée repousser et elle invite à entrer, elle est censée rejeter et elle laisse libre de partir. Le pratiquant d'aïkido ouvre volontiers les mains plutôt que de fermer les poings, cela à la fois sur un plan stratégique afin de laisser croire à une faiblesse ou une bienveillance naïve et sur un plan moral afin d'accueillir l'autre sans faire preuve de trop de préjugés.

Le don est le paradoxe intrinsèque du geste *aïki*. C'est ainsi que les pratiquants d'aïkido parlent volontiers « d'offrande du centre (*hara*) », tout en étant conscients de la part de leurre qu'ils produisent ainsi.

Ainsi le pratiquant se rapproche plutôt que de s'éloigner, non pour impressionner, mais parce que la distance est déterminante en matière de désirs et d'excès ; se rapprocher va par conséquent provoquer une certaine confusion chez le partenaire.

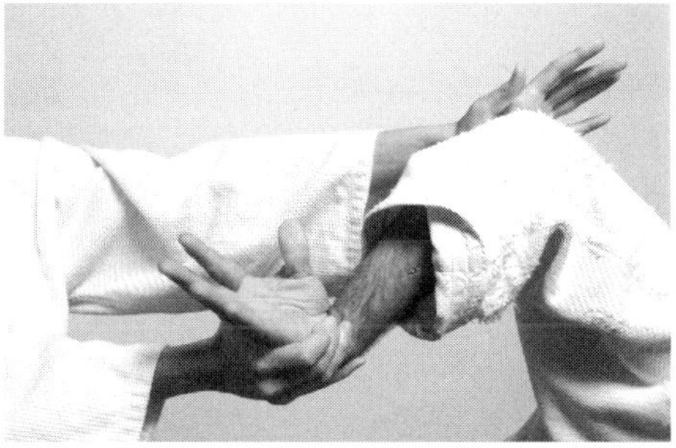

Les mains ont encore pour fonction de contenir la puissance de l'attaque en s'adressant directement à l'origine de l'action (le *hara* du partenaire), mais elles le font incidemment, sans en avoir l'air, en laissant à l'attaquant l'illusion de l'initiative. Le pratiquant provoque ensuite un effet de résistance minimum chez le partenaire afin d'établir une tension, un rapport concret avec lui, sans pour autant empêcher son mouvement d'attaque, ainsi corps et mains se rapprochent souvent au lieu de s'éloigner.

Le vide est l'une des réponses paradoxales les plus significatives de l'aïkido. Les mains doivent être suffisamment fluides pour ne pas nuire à l'accompagnement, sans toutefois oublier de provoquer un effet de résistance minimum chez le partenaire afin d'établir un contact ferme qui sera garant d'une relation concrète. La main est à la fois présence et absence, point de ralliement et inexistence d'affrontement possible. Une offrande du vide là où le partenaire cherche un plein, et un plein lorsque le partenaire se perd dans le vide.

Plus globalement, le processus implique un mouvement d'acceptation de l'action de l'attaquant, y compris ses sentiments, ses intentions, ses potentialités. *Aïté* est placé ainsi dans une posture de déséquilibre physique mais aussi mental puisqu'il a l'impression d'être accepté dans sa motivation d'attaque et ses revendications sans pour autant que le pratiquant d'aïkido cède à sa violence.

Le paradoxe martial est poussé à son comble puisque le pratiquant d'aïkido ne cherche pas à maîtriser son partenaire, mais à le mettre en périphérie afin d'être libéré de son emprise tout en le laissant disposer.

## *La main séparatrice*

À ce stade, il est important d'ajouter que la séparation est aussi importante que l'unification. L'art de s'unir et de se séparer qualifie l'action adéquate de l'aïkido (musunde amatsu). Le paradoxe implicite est que la séparation va provoquer le rapprochement, et que le rapprochement va vers la séparation. En fait, ce n'est que l'expression naturelle du mouvement des choses ; à un point culminant, l'effet ne peut que se réduire et s'inverser, c'est le simple principe du *yin-yang*.

Le geste de la main exige une grande attention car si elle retient plus que nécessaire, dans une volonté d'unification, elle risque de saturer le mouvement. C'est ce qui fait dire à la sagesse chinoise : lorsque tu déploies pense à rassembler, lorsque tu rassembles pense à déployer.

L'aïkido entretient ainsi une forme de détachement, pas un désintérêt, mais, comme nous l'avons déjà dit, une action libre d'intention de profit. Par ailleurs, la séparation contient une signification forte puisqu'elle implique la différence entre les partenaires, elle favorise la différenciation, autrement dit la reconnaissance de chaque acteur en tant que sujet et non l'indifférenciation, qui pourrait être provoquée par un rejet brutal qui consisterait à considérer l'autre comme sujet.

Le geste *aïki* n'est pas une illusion océanique (pour reprendre le concept freudien) de fusion archaïque, l'unité ne peut surgir que dans la reconnaissance des différences en présence, non dans l'indifférencié. Il ne s'agit donc pas de former un tout indivisible entre les partenaires, mais de reconnaître l'identité de l'un et de l'autre en les considérant comme équivalents en droits et libertés, pour utiliser une terminologie actuelle. Ce qui fait de l'aïkido une méthode moderne et respectueuse d'autrui. Il ne s'agit pas de céder à une morale bien-pensante qui postule le respect de la différence, mais bien plutôt de défendre le concept du respect de l'autre comme un même que soi. L'attaquant n'est donc pas pacifié au nom d'un quelconque altruisme, mais parce que chaque humain est de même essence sur le plan éthique et que c'est le même que moi en l'autre qui est respecté par le geste *aïki*.

## Main du juste milieu

L'intermédiaire entre les extrêmes est le lieu de la vertu pour les anciens Chinois tout comme pour Aristote, qui situe le courage au sommet d'une disposition morale face aux extrêmes de la lâcheté et de la témérité[5]. Ce médian est aussi ce que les Chinois nomment le milieu de l'effet. Chaque procès a un début, un paroxysme et une fin ; agir dans ce que l'effet a de paroxystique est la tâche du pratiquant d'aïkido et de son prolongement « intelligent », la main. Elle saisit l'occasion à son émergence, au début de la tendance disent les Chinois, alors que l'Occident a placé son intervention au sommet de la tendance, au cœur de la crise, pourrions-nous dire. « Saisir l'opportunité » et « ressentir le danger » est le sens étymologique du mot crise en sino-japonais. Notons que c'est à sa naissance que l'implication humaine rencontre le moins de résistance et court le moins de danger.

Ainsi le geste de la main se construit à partir de quatre repères majeurs[6] : 1. éviter de forcer l'effet (s'adapter aux circonstances, aller dans le sens du mouvement du partenaire, accueillir son attaque plutôt que de la repousser) ; 2. éviter de s'approprier l'effet (cela provoquerait une rivalité entre le sujet et la nature, il s'agit donc de rester humble sans recherche d'honneur ou expression d'orgueil...) ; 3. éviter de saturer l'effet (car l'effet finit par se retourner contre l'effet : le vase trop plein déborde, la pointe trop aiguisée se brise, trop manger ou boire finit par étouffer, il s'agit de doser l'action dans le temps) ; 4. éviter de mésestimer l'effet indirect (enclencher un mouvement sans vouloir en maîtriser l'issue est une sagesse millénaire, le mouvement se poursuit de lui-même puisqu'il participe d'une harmonie sous-jacente).

## Main pensante

Cette notion de main pensante peut légitimement choquer les plus scientifiques. Il n'est pas dans notre propos de nier la neurobiologie et sa lecture du fonctionnement humain, mais d'y ajouter, sans chercher à le prouver, l'hypothèse d'une main pensante qui peut agir sans que la pensée intervienne, sans non plus enfermer le geste dans un mouvement mécanique, réflexe ou automatique, mais bel et bien lui reconnaître un mouvement créatif, dans un processus d'adaptation constant au milieu et aux informations. Cybernétique que les Chinois anciens nommaient *tseu-jan*, la spontanéité, l'acte juste qui s'inscrit en adéquation avec le mouvement des choses sans qu'il soit nécessaire de le penser. Une spontanéité qui inclut une compétence (un art en l'occurrence) et l'acceptation des limites humaines en reconnaissant la présence de l'imperfection, ce que les Japonais nomment le *wabi sabi*. C'est d'ailleurs cette imperfection qui donne toute sa valeur et sa force à l'acte ou l'objet ainsi créé.

Un éloge de l'imperfection n'est cependant pas un éloge de l'incompétence, c'est plutôt le détail qui rehausse la qualité d'une œuvre, la fente dans le bol de céramique, l'ombre dans la chambre de thé, le glissement du pinceau dans une calligraphie cursive.

## La main éthique

L'aïkido est-il stratégique ? À l'évidence, mais pas sans fondement éthique. L'orientation bienveillante de l'action *aïki* présuppose des intentions morales humanistes supérieures aux possibilités destructives à disposition, toute la

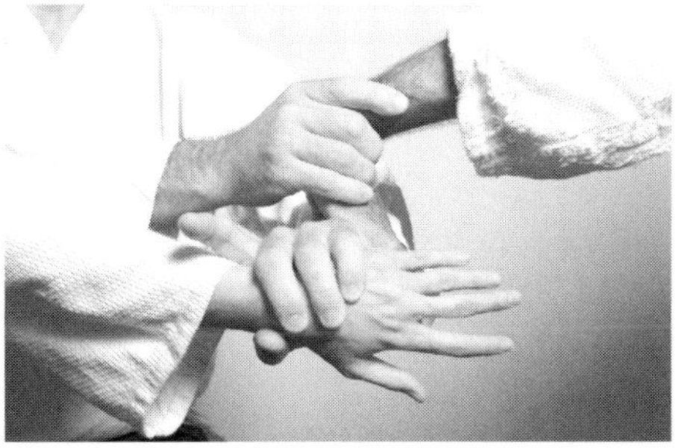

différence entre le *katsu jin te* et le *satsu jin te*, entre la main qui se pose près du visage pour désamorcer l'attaque ou s'y dirige pour frapper. Nous percevons bien qu'outre les effets physiques les conséquences morales n'en seront à l'évidence pas les mêmes.

L'éthique de la main *aïki* présuppose la reconnaissance de valeurs telles que la proportionnalité, la légitimité, la légalité, la dignité, l'équivalence, la différence, la responsabilité, etc.

## La main regardante

La main éthique est à son comble lorsqu'elle est main « regardante », au sens où elle reconnaît l'autre comme différencié, en le respectant. Rappelons que l'étymologie du terme respect est « regarder en arrière ». C'est cette notion de regard qui est centrale ; ne plus regarder, être trop loin ou trop prêt pour bien voir, rend le respect impossible.

La violence surgit lorsqu'il n'y a plus de regard sur l'autre, qu'on n'existe plus aux yeux de la personne violente.

La bonne distance relationnelle oscille entre intrusion et abandon. Le pratiquant d'aïkido marque sa conviction en maintenant un regard sur l'attaquant, et, pour ce faire, la main est déterminante une fois encore, car elle trace la ligne fragile qui sépare le respect de la violence.

## La main esthétique

Un dernier mot au sujet d'un art que l'on qualifie souvent de chorégraphique : il est essentiel que la main agisse simplement. L'esthétique de l'aïkido est avant tout simplicité, qui est à son tour garante d'une grande part de l'efficacité. Si le chemin le plus court entre deux points reste la ligne droite, la nature en a souvent horreur ; c'est alors une invitation à la courbe, mouvement de main qui ne devrait se réaliser cependant que dans la plus grande sobriété.

Ces propos sont à prendre comme autant d'intentions de réaliser le bien tout en sachant comme il est difficile de le faire, pris que nous sommes dans les tensions et les limites de notre existence. La main *aïki* vise à penser l'action pacificatrice autant qu'à panser les effets de la vie dans une réalité qui nous incite plus souvent à viser le moindre mal que le meilleur des biens[7], et rappelons pour conclure ce proverbe chinois : « Quand le sage lui montre la lune, le sot regarde le doigt. » Le pratiquant d'aïkido ne regarde ni sa main ni celle de son partenaire, mais au-delà, vers l'horizon.

Pinsec, Valais (Suisse)
août 2006

Jessica Guenot

# Les gestes des mains dans le Bharata Natyam

*Là où va la main se porte le regard*
*Là où va le regard se dirige l'esprit*
*Là où se pose l'esprit surgit l'état d'âme*
*Là où s'intensifie l'état d'âme jaillit la joie essentielle ou rasa.*
ABHINAYADARPANA

DANSE ORIGINELLEMENT SACRÉE ET AYANT VOCATION DE RITUEL DANS LES TEMPLES, le Bharata Natyam est aujourd'hui un art majeur en Inde et diffusé dans le monde entier. Tradition religieuse ou divertissement, cette pratique a su maintenir et développer un engouement en charmant d'autres publics. Que ce soit par les thèmes qu'elle aborde, par l'enthousiasme pour le « sacré » qu'elle génère ou encore par l'aspect artistique. La spécificité artistique de cette danse est la juxtaposition de deux formes d'expression : la danse-mouvement (*nrtta*) et la danse narrative (*nrtya*). On la qualifie même de théâtre dansé tant le jeu de la danseuse est aussi important que ses mouvements.

La danse indienne mobilise toutes les parties du corps selon un schéma de décomposition complexe. Le *Natya Shastra*[1], traité de base de cette danse, décompose les gestes précis à effectuer selon la partie du corps concernée, treize mouvements de tête, neuf mouvements de cou, etc. Depuis, les règles ont évolué et les écoles de danse se sont multipliées engendrant des nuances d'interprétation aujourd'hui fondées sur un traité plus récent, l'*Abhinaya Darpana*. Toutefois, la danse indienne conserve des règles et des codes précis, recensant vingt-neuf gestes d'une main et vingt-trois gestes des deux mains. Ces mouvements font partie intégrante de la danse, participant à la fois au message que veut délivrer le danseur mais aussi à sa propre concentration, ils dépassent l'aspect purement physique. Comment qualifier la gestuelle des mains dans le Bharata Natyam et comment définir sa fonction dans et en dehors de la danse ? Attribut décoratif, équivalent du langage des signes ou encore participation à un message métaphysique ?

Comprendre cette pratique exige qu'on se détache de la conception qu'on se fait en général de la danse en Occident, c'est-à-dire, selon le dictionnaire, comme « une suite de mouvements rythmés du corps : art, technique qui règle ces mouvements ». Tout d'abord, en effet, en Inde, les arts s'entremêlent. Il n'est pas anodin de remarquer que le terme *nartika* peut signifier à la fois danseuse et actrice, le sujet doit donc remplir les deux rôles. Il n'existe pas de séparation franche entre les arts. La situation perdure d'ailleurs encore aujourd'hui. Dans les films de « bollywood », les actrices sont tout à la fois chanteuses, comédiennes et danseuses. Il existe une réelle complémentarité entre toutes ces disciplines, ce qui explique en partie la richesse de la danse indienne.

Ensuite, à la différence de notre compréhension de la danse comme pratique égocentrique et distraction, la danse en Inde est un acte de dévotion. Elle peut être un moyen de célébrer les dieux en racontant leurs exploits, de leur faire une offrande ou encore de marquer une rencontre avec eux, elle célèbre aussi *rasa*, le sentiment universel. La portée et le message de la danse sont donc différents. Les *mudras* sont les principaux outils de la transposition de ce message au public et pour soi, elles deviennent une composante technique essentielle du Bharata Natyam au même titre que le déplacement des jambes.

L'utilisation des mains dans la danse indienne n'est pas seulement décorative. Elle véhicule des significations en représentant ou en suggérant une action, une personne, une divinité, un objet… Le sens de chaque *mudra* peut ainsi varier selon sa position dans l'espace ou l'expression du visage qui lui est associée. Devant la richesse de cette gestuelle et le mystère qu'elle soulève, interrogeons-nous sur sa portée. Car s'il y a intention de lier un signifiant à un signifié, dans quelle mesure peut-on parler d'un langage des mains ? De quoi participe cette gestuelle, quelles sont ses fonctions ? Peut-on transposer cette danse dans un environnement étranger, recèle-t-elle un message universel au-delà de son témoignage culturel ?

## *Langage des mains ou assemblage de gestes ?*

Deux termes peuvent être utilisés pour nommer les gestes des mains en danse indienne : *hasta* et *mudra*. Aujourd'hui, le second remporte l'adhésion alors qu'originellement le terme adéquat était bel et bien le premier. Interrogeons-nous sur leur étymologie. Le terme *hasta* signifie les « gestes des mains » et est utilisé dans le Natya Shastra pour énumérer les gestes possibles des mains dans la danse. *Mudra* signifie « sceau », empreinte, et désigne les gestes des mains utilisés lors des rituels et du yoga. La danse a alors pour vocation de renforcer physiquement la parole sacrée. Utiliser le terme de *mudra* n'est donc pas anodin car il donne à la danse une dimension religieuse et spirituelle au-

*Suci*

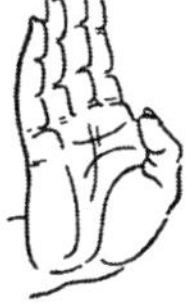

*Pataka*

*Alapdma*

*Mukula*

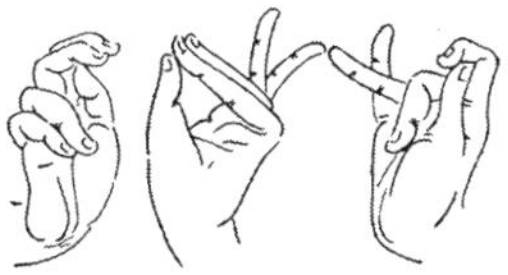

*Katakamuka*

delà du geste. Ces gestes s'inscrivent dans une culture, mais délivrent un message à visée universelle. De même, le geste ne prend sens que dans une corporalité entière, un engagement total du corps de la danseuse. Le même geste de mains peut prendre un sens différent selon la position de la main, l'expression du visage. On n'a donc pas affaire à un véritable langage, mais à un ensemble de gestes créant du sens. La main est le commencement d'un processus, d'un cheminement qui aboutit au *rasa*, le sentiment universel.

On peut facilement illustrer cette différence entre langage et gestuelle des mains à l'aide de l'exemple du *mudra suci*, qui peut recouvrir de nombreux sens : montrer le ciel ou quelque chose au-dessus de soi ; de profil, en le bougeant, il menace, réprimande ; immobile, il évoque une réflexion ; placé au niveau de la tempe, il indique le discernement, sur le menton, la surprise. Les deux mains qui tournent de chaque côté de la tête désignent l'univers.

Il en est de même pour *pataka* puisque l'*Abhinaya Darpana* recense pour ce geste pas moins de quarante-deux utilisations différentes : dissuader, refuser, couper, rassurer, le miroir, protéger... Il existe même une chanson, un moyen mnémotechnique, pour en retenir les différents usages :

*Natyarambe, Varivaheveine, vastunishedhane.*
*Kujasthake, Nishayamcha, Nadyam, Atamandale.*
*Duranke, Khantali, Vayu, Shayane, Gamanodhyame.*
*Pradhapichaprasadicha, Chandrikayam, Kanathape.*
*Kavatapatane, Shabdahavibhathyathe,*
*Tharangahe, Vidi.*

(Le commencement de la danse, les nuages,
la forêt, refuser.
Moi, la nuit, la rivière, le paradis.
Le cheval, couper, le vent, dormir,
souhaiter la bienvenue.
La joie, la lune, la fatigue.
Fermer et ouvrir une porte, la différence,
une flaque,le chemin.)

Ainsi, le même geste renferme de nombreuses significations, la danseuse doit faire revivre une scène au spectateur, non pas forcément en mimant l'objet lui-même mais en mimant ce qui nous évoquera au mieux l'objet, notamment par le biais de nos propres sentiments, en utilisant un processus de réminiscence. Par exemple, pour évoquer un bébé, on fait le geste de le bercer, pour une fleur on la représente en train d'éclore. Par le geste, il s'agit de susciter le sentiment propre à la scène.

Les gestes des mains peuvent être des attributs décoratifs, mais la plupart du temps ils ont pour vocation la mise en scène d'une histoire, surtout lors d'un varnam, d'un padam ou encore d'un *schlokam*[2]. Afin de comprendre le rôle que jouent les mains dans la danse, nous pouvons prendre l'exemple du *schlokam* dédié à Siva :

*Angikam Bouvanam Yassia*
*(Le corps de Siva est les trois mondes)*

Avec les deux mains en *alapdma* on montre son propre corps, puis en avançant d'un pas on représente les trois mondes avec *suci* à chaque main et les deux mains tournoyant de chaque côté de la tête.

*Vatcikam Sarvavang Mayam*
*(Sa parole est tous les sons de l'univers)*

*Mukula* devant la bouche se transforme en *alapdma* pour représenter le son, et d'un geste large des deux mains avec *pataka* on montre tout ce qu'il y a autour de nous.

*Ahariam Chandra Taradi*
*(Ses ornements — boucles d'oreille et collier — sont la lune et les étoiles)*

Avec *katakamuka* aux deux mains, on fait le geste de mettre des boucles d'oreille puis toujours avec *katakamuka* on représente le collier du cou à la poitrine. Puis on montre la lune avec *chandra* et les étoiles en faisant de petits gestes rapides devant soi à partir de *katakamuka* et en relâchant les deux doigts accolés au pouce.

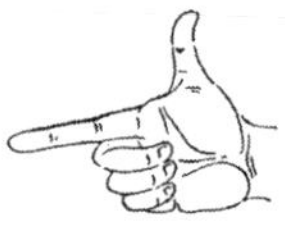

Candra

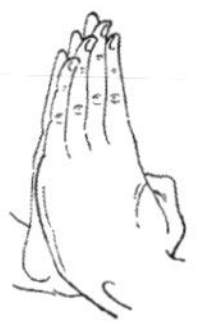

Anjali

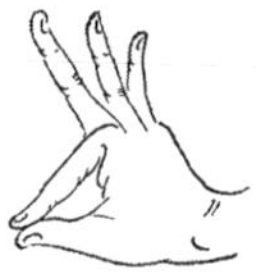

Hamsasya

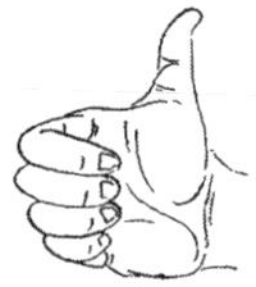

Sikhara

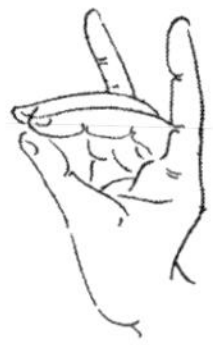

Simhamukha

*Tam Numaa satvikam Sivam Sivam*
*(Oh, toi je te salue, toi le juste, Siva, Siva, Siva)*

On salue Siva avec les deux mains en *pataka* paumes vers le ciel devant soi, puis en faisant un fendu avant, on s'incline les deux mains en *anjali* au-dessus de la tête. Puis on se relève, *hamsasya* avec la main droite devant soi figurant la rectitude de Siva. Enfin on termine cet hommage au dieu Siva, en le représentant sous trois poses :

— *Pataka* à la main gauche paume vers le ciel au niveau du nombril, *sikhara* posé dessus ;

— *Alapdma* à la main gauche et *simhamukha* à droite : le feu et la biche pour représenter la complémentarité de Siva avec Parvati ;

— La main droite en *pataka* et la main gauche en *kari (dola) hasta* sur le côté droit, ainsi que la jambe gauche relevée. *Pataka* est le signe de protection, *kari hasta* recentre tout ce qui est sur lui. Cette pose est celle de Nataraja, le seigneur de la danse, que l'on voit souvent représenté en petite statuette de bronze et qui est présent sur la scène à de nombreux récitals de danse.

Derrière la « traduction » de ce *schlokam*, on perçoit toute la complexité de l'*abhinaya*, la danse narrative. À un certain niveau d'avancement en danse, ces gestes deviennent spontanés, la danseuse garde toujours à l'esprit qu'il s'agit de mettre en scène des sentiments déjà éprouvés afin de les arracher à leur subjectivité. Les gestes des mains participent donc de cette totalité en véhiculant du sens, en illustrant des propos, en permettant au spectateur de mieux visualiser une histoire, les gestes deviennent un appui visuel et spirituel.

À la fois codifiées et pourvues d'une grande liberté, les *mudras* prennent sens à partir de leur position dans l'espace ou encore de l'expression du visage qui les accompagnent. Une multitude de possibilités s'offrent à la danseuse pour dépasser le geste et atteindre *rasa*.

## Au-delà du geste

La *mudra* dépasse « le stade du geste pour le geste », et ce à trois niveaux différents où elle entraîne d'autres implications et remplit des fonctions distinctes. Premièrement, lors des rituels religieux, la *mudra* est associée à la parole sacrée (*mantra*) et à la concentration mentale (*bhavana*), elle scelle physiquement les textes liturgiques. Elle confère du pouvoir à l'action.

Deuxièmement, en yoga, elle « scelle » le souffle à l'intérieur du corps et elle a pour but d'éveiller l'énergie spirituelle. Qui ne connaît pas cette représentation du yogi dans l'iconographie populaire en position du lotus et avec la *mudra hamsasya*, le pouce touche l'index tandis que les trois autres doigts sont dépliés. Ce mouvement permet d'atteindre au mieux un état de méditation par la recentration sur soi.

Troisièmement, en danse, elle permet de transmettre des significations. Il est intéressant de noter que la danse faisait partie des temples autrefois et avait vocation de rituel. De même, elle est l'expression d'un amour pour Dieu, de la dévotion et de la joie de le rencontrer. Elle peut aussi être comparée au yoga de par la maîtrise du corps qu'elle exige.

Aujourd'hui encore, cet aspect rituel, sacré est maintenu, puisque durant le *pushpanjali* — danse d'ouverture d'un récital, offrande aux fleurs —, la danseuse accomplit toujours « les deux mouvements fondateurs du rituel théâtralisé selon le Natya Shastra, à savoir tracer des cercles et offrir des fleurs[3] ». La *mudra* s'inscrit réellement dans un processus qui dépasse le geste, le mouvement pour atteindre un niveau religieux et spirituel.

Dans *La gestuelle des mains dans le théâtre dansé indien*, Katia Légeret évoque même quatre niveaux de compréhension des *mudras*, d'où la multiplicité de sens de cette gestuelle : conventionnel, universel, culturel et spirituel. La richesse de cette gestuelle est en effet de mêler ces niveaux et cette polarité propre à la culture indienne.

Gestuelle à la fois compréhensible universellement et dressant des barrières culturelles, car il est difficile de saisir toutes les subtilités d'un spectacle sans un minimum de connaissance en mythologie indienne et en même temps de simples gestes comme le fait de bercer un enfant, porter un pot d'eau sur la tête sont évidents. Les *mudras* ajoutent subtilité et raffinement et conduisent la danse vers un autre espace de compréhension. Elles marquent de leur sceau la danse comme étant indienne car elles s'imprègnent de la vie quotidienne et de la culture indienne, des façons d'être, des manières de marcher, de bouger, de se servir de ses mains pour manger, mettre des bijoux, se maquiller ; il s'agit de recréer les gestes quotidiens. Elles donnent également une fluidité à la danseuse, à son évolution sur scène, grâce quand elle incarne un personnage féminin et dureté et rigueur dans l'interprétation d'un personnage masculin. L'intention donnée dans la gestuelle des mains est essentielle car elle permet au spectateur de comprendre les sentiments ou les émotions liés à la scène que veut transmettre la danseuse. Les *mudras* racontent une histoire, qui peut plus ou moins être comprise par tous, j'entends dans l'expression des sentiments basiques, colère, amour, joie, tristesse, bravoure… l'expression du visage ajoutée à la fermeté ou non des gestes des mains suffit à saisir l'intention de la danseuse. Elles permettent à la danseuse de vivre corporellement et mentalement entièrement le personnage qu'elle joue et à nous transmettre l'émotion.

On parle d'universalité, car certains gestes peuvent être compris intuitivement par tous, et ce au-delà des frontières culturelles. Ensuite, le but ultime de la danseuse est de faire naître le *rasa*, le sentiment universel, chez les spectateurs. Elle doit recréer une scène qui parviendra à susciter l'émotion dans le public, le plus souvent la séparation d'avec l'être aimé est évoquée. Trois facteurs interviennent alors : les déterminants ( il a disparu ), les conséquents ( elle pleure ), les sentiments transitoires ( elle est inquiète, elle regarde au loin ). Ainsi, le spectateur peut se remémorer ses propres expériences et s'en distancier afin de goûter au *rasa*. En généralisant les expériences subjectives on atteint une distanciation intérieure qui nous permet de goûter au plaisir esthétique, il s'agit d'un processus de réminiscence distancié.

*Rasa* est à la base des arts indiens, c'est pourquoi les émotions ont un rôle primordial à jouer, quelque chose doit se passer entre la danseuse et le public. La transmission de *rasa* est difficilement descriptible mais elle passe par une identification avec l'actrice, puis une distanciation d'avec les sentiments évoquées, à travers une élévation du niveau de la conscience. L'art indien a pour vocation de nous faire voir, toucher ce que nous n'aurions pas pu atteindre sans cela, l'universel.

Toute la dimension que peut remplir la *mudra* est liée au concept du *rasa*, au-delà du plaisir, il a pour but une sorte d'éveil, une prise de conscience de l'existence d'un sentiment universel. Les *mudras* participent à la possibilité de cette identification, elles recréent des scènes de la vie quotidienne, mettent en scène un état d'être. Par la *mudra*, il ne s'agit pas de mimer, mais de ressusciter chez chacun des sentiments subjectifs afin de leur en faire comprendre l'illusion, mettre en parallèle ce qui se passe sur scène avec leur propre vie. Que ce soit lors de rituels religieux, en yoga ou en danse, la *mudra* « scelle » une parole, le souffle intérieur et elle participe au basculement vers un autre état de conscience, vers une compréhension différente du monde. Un tel pouvoir peut être surprenant voire surdimensionné hors contexte, cette gestuelle des mains et toute ces implications peuvent-elles prendre sens au sein d'un contexte culturel exogène ? Dans quelle proportion peut-on l'exporter et au détriment de quels aspects ?

## *Difficultés de transposition*

Face à l'aspect conventionnel et culturel de la danse indienne, de réelles questions se posent : comment transmettre la danse à un public adulte non averti ? Comment exporter les spectacles ? En même temps, cette mondialisation devient une nécessité pour la danse si elle veut perdurer dans le temps, trouver de nouveaux publics et une nouvelle existence.

L'aspect ludique et culturel, qui est la richesse de cette danse en générant curiosité et particularisme, devient un obstacle à sa diffusion. L'apprentissage des *mudras* est au centre de cette difficulté, au vu de mes observations dans les cours de danse en France, les connaître tous, les enchaîner parfaitement, lier le geste au sens reste une difficulté que beaucoup de pratiquantes rencontrent. Comment l'expliquer?

Les gestes représentés dans la danse correspondent à des scènes quotidiennes de la vie indienne. Dans notre quotidien, nous n'effectuons pas du tout ces gestes-là, donc il est plus difficile pour nous de les retransmettre ou même de les comprendre, il ne s'agit pas de scène que l'on peut reproduire spontanément. La danse devient le fait d'une culture, un art de l'oralité, une barrière s'interpose dans la compréhension d'un récital. À cela s'ajoute le fait que l'on ne peut pas comprendre les paroles du *nattuvanar* — à la fois le maître de l'élève et celui qui dirige les musiciens. D'autres gestes, comme se brosser les cheveux, bercer un enfant, rassurer sont universels, peuvent pourtant être compris par tous.

Une autre difficulté est le langage conventionnel, telle *mudra* signifiant telle chose dans ce contexte. Utiliser ses mains est un geste spontané dans la danse indienne, nécessité est de faire intervenir un mécanisme d'incorporation et donc de réflexion intense lors du processus d'apprentissage. En Inde, pour les enfants, l'*abhinaya* se travaille donc à partir de l'observation quotidienne et d'un capital culturel acquis au fil de leur vie. Les enfants doivent rapidement apprendre l'alphabet des *mudras* par cœur, ils y parviennent rapidement grâce à ce petit poème:

*Asamyuta-hasta*
*(Les gestes d'une seule main)*

*Patakam tripatako'rdhapatakh kartaharimukkah mayurakhuo'rdhacandrasca aralah*

*sukatundakah mustica sikharakhyasa kappithah katakamukkah suci candrakala padmakosah*

*sarpasiras tatha mrgasirsah simhamukhah kangulasca alapadmakah caturo bhramarascaiva*

*hamsasyo hamsapaksah sandamso mukulascaiva tamracudas trisulakah*

*ityasamyutahastanam astavimsatir irita*

Poème qui n'est en fait que la récitation chantée des noms des vingt-trois *mudras* d'une main — il existe le même poème pour les *mudras* de deux mains. Ce moyen mnémotechnique est plus difficile à exporter car il ne s'agit pas de mots ou même de consonances familières.

De plus, l'apprentissage d'une pratique corporelle exogène ne peut se faire qu'après la remise en cause d'«habitus corporels», le corps étant une construction symbolique et culturelle[4]. Redécouvrir et mobiliser son corps différemment nécessite intention de mouvement et concentration. À cela s'ajoutent des difficultés corporelles, raideur dans les poignets, manque de souplesse des doigts, difficulté à trouver la position de la *mudra* sans regarder ses mains. Tous ces petits obstacles sont révélateurs d'un rapport culturel aux mains.

Cette transposition dans un contexte culturel différent s'accompagne donc immanquablement de compromis, malgré les réticences des passeurs culturels à modifier la tradition[5]. Diffuser la danse est un moyen de diffuser la culture indienne et de donner une image répondant aux attentes des réceptionneurs français. L'accent est donc mis en priorité sur la corporalité, l'apprentissage des *mudras* se fait plus mécaniquement et non en lien avec un signifié, elles sont alors plutôt usitées dans les *adavus*[6] comme des apparats, des composants des mouvements. Dans un second temps d'apprentissage, on peut associer des images à certains *mudras* ou association de *mudras*, Chandra pour la lune, Kurma pour la tortue, *musti* sur *pataka* qui est un moyen de représenter Siva. Il existe d'ailleurs des combinaisons de *mudras* permettant de représenter Siva ou Ganesh faisant appel à des représentations populaires de ces dieux, pour Ganesh *musti* sur *mukula*, *mukula* représentant le rat: cette représentation signifie celui dont le véhicule est un rat.

Les *mudras* deviennent un moyen de représentation, un moyen d'expression possible grâce à la récurrence de certaines *mudras* et à l'habitude. Toutefois, cet aspect reste superficiel dans une pratique de la danse indienne comme loisir, ce qui correspond à la majorité des cas en France. Est-ce le manque d'assiduité, le peu de temps qui lui est consacré ou réellement une barrière culturelle ?

Il ne faut pas omettre que la danse est le reflet de la société dans laquelle elle naît et évolue. Or les mains en tant que moyen d'expression restent peu usitées dans notre culture. Ces dernières interviennent peu dans nos dialogues avec autrui contrairement aux sociétés méditerranéennes où l'on peut retrouver ce support langagier ( influence que l'on peut ressentir dans le flamenco ). Le langage des mains dans la danse apparaît comme un renfort, une précision supplémentaire dans le processus de danse narrative, de narration d'une histoire. En France, la danse classique n'a pas recours à une telle gestuelle des mains et l'expressivité de la danse reste limitée. Le parti pris de narration est différent puisque la danse classique met en scène des tableaux avec plusieurs personnages, tandis qu'en Bharata Natyam la danseuse est seule pour jouer plusieurs personnages. Utiliser un nouveau moyen d'expression ne peut se faire sans difficultés mais, devant la richesse et le potentiel de la main, elle devient une bénédiction en danse. L'attrait des danses indiennes en Occident est créé par le différent qu'elles peuvent proposer : danse sacrée face à danse païenne, ballet face à danse soliste, exploration des expressions et mobilisation des mains.

Certes, l'apprentissage des *mudras* en France reste délicat pour les pratiquantes, mais il participe à la découverte d'une nouvelle corporalité, crée une attirance nouvelle et permet de découvrir un autre moyen d'expression.

Outil quotidien, pratique, pragmatique, la main reste l'instrument nécessaire à l'homme, le pont entre lui et autrui, lui et l'espace, lui et les objets, le moyen de toucher, de saisir, de concrétiser ses pensées. Si usuelle et nécessaire qu'on ne l'interroge guère ; chaque geste quotidien est irréfléchi, spontané.

En danse indienne, la main devient artistique, poétique, spirituelle, délivrant un message exutoire en permettant l'atteinte de *rasa* ou tout au moins un enchantement visuel.

Quel miracle de pouvoir utiliser la main comme moyen de communication, vocabulaire si riche et varié ! La danse devient alors représentative de la place qu'elle occupe, nécessaire sans jamais avoir le premier rôle, elle est un moyen. Un moyen de se nourrir, moyen d'écrire, moyen de tenir un livre, moyen de toucher quelqu'un, elle est dans un espace transitoire ( impalpable ! ). Dans le Bharata Natyam, le même phénomène se produit, elle est le moyen de comprendre un message, une histoire, un acte de dévotion, qui doit nous révéler à nous-mêmes.

Mais elle est aussi culturelle : pourquoi en Inde mange-t-on avec les doigts et en Occident avec des couverts ? Pourquoi ne conserve-t-on pas ce rapport tactile avec la nourriture ? Liée au sens du toucher, la main est une interface, tenir la main de quelqu'un pour former un couple, unir deux humains, deux choses hétérogènes.

La danse indienne en utilisant la gestuelle des mains nous permet enfin de prendre conscience du potentiel de la main et de tout ce qu'elle signifie ou réalise pour nous : interface avec l'extérieur et autrui, outil pratique et nécessaire à la vie quotidienne, organe du toucher, moyen de réalisation artistique, utilisation à la fois universelle et culturelle.

Claire Silvera-Rochon

# Les poignées de mains

Des poignées de mains, il y en a de toutes sortes. Qu'on entre ou qu'on sorte, on en reçoit,
mais pas toujours assorties à la sorte de personne que l'on croit faire en sorte de sortir la main
qu'on attend qu'elle vous sorte, de sorte que nous n'ayons pas de surprise,
car, voyez-vous, c'est en quelque sorte comme tirer au sort,
on ne sait jamais ce qu'il en ressort.
Il y a des mains molles, fuyantes, méfiantes, glissantes, électrisantes, sèches,
rugueuses, vigoureuses, fermes, tenaces, poignantes, insistantes, emprisonnantes,
écrasantes, épuisantes, mais il y en a aussi des calmes, tendres, sereines, lentes,
vibrantes, chaudes, rassurantes, invitantes, persévérantes.
Si on vous tend une main… molle… vous aurez l'impression qu'elle va vous rester
dans la main ; une main fuyante… vous donnera envie de fuir ; méfiante…
elle vous fera perdre confiance en vous ; glissante… vous aurez la sensation d'empoigner
un reptile ; électrisante… vous sentirez un court-circuit vous court-circuiter
jusque dans l'avant-bras ; sèche… ça abrégera la poignée ; rugueuse… vous calerez ;
ferme… vous perdrez le goût de la plaisanterie ; tenace… vous resterez accroché ;
poignante… vous resterez poigné ; emprisonnante… vous serez pris à tout prix ;
insistante… vous attendrez que ça finisse ; écrasante… vous écraserez ; épuisante…
vous vous ramasserez.
Mais si vous avez une main qui se tend tendre, calme, sereine, chaude, vibrante,
lente, rassurante, invitante, persévérante, alors vous pourrez prendre tout votre temps
pour démarrer la conversation et même ne pas la terminer.

# Les mains sur la langue

*Nous proposons ici une anthologie, vraisemblablement incomplète, des expressions que la main a inspirées à notre langue, qui les a aimées et donc gardées. On peut mesurer à quel point, là aussi, nous parlons avec nos mains... Nous avons laissé de côté les formules qui, tout en concernant une partie de la main, doigts, poing, ongle par exemple, n'en contiennent pas le mot.*

À deux mains
À main droite
À main gauche
À main levée
À main plate
À mains nues
À sa main
Applaudir des deux mains
Arriver les mains pleines
Arriver les mains vides
Attaque à main armée
Avoir bien en main
Avoir cinq pouces à chaque main
Avoir des mains de beurre
Avoir deux mains gauches
Avoir la main
Avoir la haute main sur
Avoir la main bonne
Avoir la main dure
Avoir la main heureuse
Avoir la main large
Avoir la main légère
Avoir la main leste
Avoir la main longue
Avoir la main lourde
Avoir la main malheureuse
Avoir la main sûre
Avoir la main verte
Avoir le cœur sur la main
Avoir les mains baladeuses
Avoir les mains libres
Avoir les mains nettes
Avoir sans cesse l'argent à la main
Avoir sous la main
Avoir un poil dans la main
Avoir une main secourable
Baiser les mains
Battre des mains
Changer de main
Cheval à deux ( toutes ) mains
Clés en main
Comme les doigts de la main
Contrat en main
Coup de main
De la main gauche
De longue main
De main à main
De main de maître
De première main
De seconde main
De ses blanches mains
Demander la main
Dessiner à main levée
Donner la main
Du cousu main
Écrire à la main
En sous-main
En un tour de main
En venir aux mains
Entre les mains
Épée à deux mains
Être entre bonnes mains
Fabriquer à la main
Faire dans la main

Faire des pieds et des mains
Faire la main
Faire le baisemain
Faire main basse
Forcer la main
Grand comme la main
Haut la main
Haut les mains
Homme de main
Jeux de mains, jeux de vilains
L'argent lui fond dans les mains
La main de Dieu
Les mains dans les poches
Les mains lui démangent
Les mains m'en tombent
Les mains vides
Lever la main sur quelqu'un
Lier les mains
Main chaude
Main courante
Main dans la main
Main de la justice
Main levée
Mains froides, cœur chaud
Manger dans la main
Marcher main dans la main
Mettre l'épée à la main
Mettre la dernière main
Mettre la main à la pâte, à la charrue
Mettre la main à la poche
Mettre la main au collet
Mettre la main sur
Mettre le fleuret à la main
Mettre le marché à la main
Mettre le violon à la main

Mettre les mains dans le cambouis
Mettre sa main à couper
Mettre sa main au feu
Mordre la main qui nourrit
Ne pas y aller de main morte
Passer la main
Passer la main dans le dos
Perdre la main
Poignée de main
Poser la main sur
Prendre en main
Prendre la main dans le sac
Prendre par la main
Prendre son courage à deux mains
Prêter la main à quelqu'un
Prêter main forte
Puiser à pleines mains
Rejeter du revers de la main
Remettre en main propre
Rien dans les mains, rien dans les poches
Se faire la main
Se frotter les mains
S'en laver les mains
Se salir les mains
Sous la main
Tendre la main
Tenir entre ses mains
Tomber aux mains de
Tomber sous la main
Toucher dans la main
Un homme à toutes mains
Une main de fer dans un gant de velours
Une main qui ignore ce que fait l'autre

*Le rabbin dit que la main humaine*
*est un outil trop subtil pour qu'on tape les gens avec.*

JOANN SFAR
*Le chat du rabbin*

# Notes

**Yvon Pageau, *Pour donner la main, il fallait faire le premier pas***

1. H. Bergson, *L'évolution créatrice*, Paris, PUF, 1981 [1907].

2. J. Piveteau, *L'apparition de l'homme*, Paris, Œil, 1986.

3. Y. Pageau, *La main de l'Homme*, Montréal, Méridien, 2002.

4. C. Nusslein-Vollard, « De l'œuf à l'embryon », *Pour la science*, avril 1999.

5. É. Le Roy, *Les origines humaines et l'évolution de l'intelligence*, Paris, Boivin, 1928.

6. W. Penfield et T. B. Rasmussen, *Cerebral Cortex of Man*, New York, Macmillan, 1950.

7. P. Teilhard de Chardin, « L'hominisation » (1925), dans *La vision du passé*, t. 3, Paris, Seuil, 1957, p. 84-86.

8. P. Teilhard de Chardin, *Le phénomène humain*, t. 1, Paris, Seuil, 1955, p. 187-188.

**Joseph J. Lévy, *La main: un aperçu anthropologique***

1. B. Campbell, *Human Evolution*, New York, Aldine Publishing, 1985; J. Piveteau, *La main et l'hominisation*, Paris, Masson, 1991; E. Trinkaus, « Evolution of Human Manipulation », dans S. Jones, R. D. Martin et D. R. Pilbeam, *The Cambridge Encyclopedia of Human Evolution*, Cambridge, Cambridge University Press, 1994, p. 346-349.

2. G. Spinozzi, V. Truppa et T. Lagana, « Grasping Behavior in Tufted Capuchin Monkeys (Gorce): Grip Types and Manual Laterality for Picking up a Small Food Item », *American Journal of Physical Anthropology*, vol. 123, 2004, p. 30-41; G. Butterworth et S. Itakura, « Development of Precision Grip in Chimpanzees », *Developmental Science*, vol.1, 1998, p. 39-43; E. Pouydebat, E. P. Gorce, P. C. Berge et Y. Coppens, « La préhension chez les primates: précision, outils et évolution », *Antropo*, vol. 11, 2006, p. 159-166.

3. J. Piveteau, *op. cit.*; E. Trinkaus, art. cité.

4. D. M. Alba, S. Moya-Sola et M. Kohler, « Morphological Affinities of the Australopithecus Afarensis Hand on the Basis of Manual Proportions and Relative Thumb Length », *Journal of Human Evolution*, vol. 44, nº 2, 2003, p. 225-254.

5. C. Gilot, « Main », dans *Encyclopædia Universalis*, 1996, p. 313.

6. J. Piveteau, *op. cit.*, p. 102.

7. Voir J. Vauclair, J. A. Meguerditchian et W. D. Hopkins, « Hand Preferences for Unimanual and Coordinated Bimanual Tasks in Baboons (*Papio anubis*) », *Cognitive Brain Research*, vol. 25, 2005, p. 210-216. Dans le cas des gestes visant à la communication, la dominance de la main droite des chimpanzés suggère que la latéralisation liée au langage pourrait avoir évolué à partir d'un système de communication gestuel chez les ancêtres communs aux hommes et aux pongidés, il y a cinq ou six millions d'années. Voir W. D. Hopkins et D. A. Leavens, « Hand Use and Gestural Communication in Chimpanzees (Pan Troglodytes) », *Journal of Comparative Psychology*, 1998, vol. 112, nº 1, 1998, p. 95-99; W. D. Hopkins, J. Russell, H. Freeman, N. Buehler, E. Reynolds et S. J. Schapiro, « The Distribution and Development of Handedness for Manual Gestures in Captive Chimpanzees (Pan Troglodytes) », *Psychological Science*, vol. 16, nº 6, 2005, p. 487-493.

8. J. Piveteau, *op. cit.*

9. J. R. Napier, *Hands*, Princeton (N. J.), Princeton University Press, 1993; M. P. Bryden, A. Ardila et O. Ardila, « Handedness in Native Amazonians », *Neuropsychologia*, vol. 31, 1993, p. 301-308 ; M. Raymond et D. Pontier, « Is There a Geographical Variation of Human Handedness ? », *Laterality*, vol. 9, p. 3-52; J. L. Dawson, « An Anthropological Perspective on the Evolution and Lateralization of the Brain », *Annual New York Academy of Sciences*, vol. 30, nº 299, 1977, p.424-447. Selon De Agostini et Doyen, « l'une des particularités de la latéralité manuelle est la relative stabilité de sa prévalence. En l'absence de pression culturelle explicite contre l'usage de la main gauche, 85 à 90% des individus écrivent de la main droite. Généralement dans les pays d'Afrique et d'Asie (gradient nord-ouest/sud-est), on retrouve moins de gauchers qu'en Europe ou en Amérique du Nord: autour de 5%. De plus, on ne connaît pas de société majoritairement gauchère, et il est rare qu'une fréquence de gauchers dépasse les 20% au sein d'une population générale. Cette prévalence et ses quelques variations trouvent une explication dans les facteurs environnementaux et génétiques, et certainement dans leur interaction » (M. De Agostini et A. L. Doyen, « Le développement de la latéralité manuelle chez l'enfant », 2005, <http://www.vivantinfo.com>, consulté en juillet 2006).

10. C. Faurie, W.Schiefenhövel, S. Le Bomin, S. Billiard et M. Raymond, « Variation in the Frequency of Left-Handedness in Traditional Societies », *Current Anthropology*, vol. 46, 2005, p. 142-147. Ainsi, chez les Baka du Gabon septentrional, la gaucherie pour l'utilisation de la machette est de 10% et aucune différence de sexe n'est rapportée. Par contre, dans les villages ruraux au Burkina Faso, elle est de 6,35% pour les hommes et

absente chez les femmes. Chez les Eipo de l'Irian-Jaya, la gaucherie a été estimée à près de 30% et chez les Inuit elle est de 4,7% parmi les hommes et 10,5% parmi les femmes.

11. J. L. Dawson, « An Anthropological Perspective on the Evolution and Lateralization of the Brain », *Annual New York Academy of Sciences*, vol. 30, n° 299, 1977, p. 424-447.

12. M. De Agostini et A. L. Doyen, art. cité.

13. Un grand nombre d'études ont montré que les gauchers ont une plus grande susceptibilité aux désordres mentaux et aux problèmes de santé (diabète, surdité, problèmes ophtalmologiques), sont plus enclins aux accidents et ont une espérance de vie plus réduite que les droitiers, bien que certaines études montrent qu'ils auraient un avantage sur plan musical. Voir S. W. Gangestad et R. A. Yeo, « Behavioral Genetic Variation, Adaptation and Maladaptation: An Evolutionary Perspective », *Trends in Cognitive Sciences*, vol. 1, n° 3, 1997, p. 103-108; D. F. Halpern, D. F. Coren et S. Coren, « Do Right Handers Live Longer? », *Nature*, vol. 333, 1988, p. 213; S. Coren, « Left Handedness and Accident-Related Injury Risk », *American Journal of Public Health*, vol. 79, 1989, p. 1040–1041; S. Coren, *The Left Hander Syndrome*, Londres, John Murray, 1992; S. Coren, et F. H. Previc, « Handedness as a Predictor of Increased Risk of Knee, Elbow, or Shoulder Injury, Fractures and Broken Bones », *Laterality*, vol. 1, 1996, p. 139-152; J. P. Aggleton, J. M. Bland, R. W. Kentridge et N. J. Neave, « Handedness and Longevity: Archival Study of Cricketers », *British Medical Journal*, vol. 309, 1994, p. 1681-1684; J. P. Aggleton, R. W. Kentridge et J. M. M. Good, « Handedness and Musical Ability: A Study of Professional Orchestral Players, Composers, and Choir Members », *Psychology of Music*, vol. 22, 1994, p. 148-156; M. Raymond, D. Pontier, A. Dufour et M. Pape, « Frequency-Dependent Maintenance of Left-Handedness in Humans », *Proceedings of the Royal Society of London*, vol. 263, 1996, p. 1627-1633; C. Faurie et M. Raymond, « Handedness Frequency Over More Than Ten Thousand Years », *Proceedings of the Royal Society of London*, vol. 271, 2004, S43-45; C. Faurie et M. Raymond, « Handedness, Homicide and Negative Frequency-Dependent Selection », *Proceedings of the Royal Society of London*, vol. 272, 2005, p. 25-28.

14. R. Hertz, « La prééminence de la main droite. Étude sur la polarité religieuse », *Sociologie religieuse et folklore*, Paris, PUF, 1970 (1928), p. 105. On trouve dans le texte biblique également cette prééminence de la droite qui renvoie à la force tandis que la gaucherie est associée à la faiblesse ou la maladie.

15. *Ibid.*, p. 114

16. R. Needham, « Right and Left in Nyoro Symbolic Classification », *Africa*, vol. 37, p. 449.

17. R. Makarius et L. Makarius, « Ethnologie et structuralisme. Le symbolisme de la main gauche », *L'homme et la société, Revue internationale de recherches et de synthèses sociologiques*, vol. 9, 1968, p. 195-212.

18. P.-M. Bertrand, *Histoire des gauchers. Des gens à l'envers*, Paris, Le Manuscrit, 2001.

19. M. De Agostini et A. L. Doyen, art. cité.

20. M.-A. Du Pasquier et E. Mignard-Aberdam, « Gaucherie », dans *Encyclopædia Universalis*, *op. cit.*, p. 104.

21. On n'a qu'à jeter un œil à la liste de synonymes que donne le dictionnaire pour le terme gauche pour s'en convaincre: ballot, balourd, bêta, bête, cintré, contraint, dadais, de biais, déjeté, dévié, disgracieux, embarrassé, emmanché, empaillé, empêché, empêtré, empoté, emprunté, flandrin, gauchi, gêné, godiche, godichon, gourd, gourde, inexpérimenté, inhabile, lourd, lourdaud, maladroit, malhabile, manchot, nigaud, oblique, pataud, piteux, provincial, timide, tordu, voilé (<http: //elsap1.unicaen.fr/dicosyn.html>).

22. C. Cadoz, *Les réalités virtuelles*, Paris, Flammarion, « Dominos », 1994.

23. G. Bateson et M. Mead, *Balinese Character: A Photographic Analysis*, New York, The New York Academy of Sciences, « Special Publications », 1942, p. 84. Voir également J. Streeck, « Balinese Hands » (s. d.), <www.utexas.edu/coc/cms/faculty/streeck/bali/>, consulté en juin 2006.

24. G. Lazorthes, *L'ouvrage des sens*, Paris, Flammarion, 1996.

25. G. W. Hewes, « Primate Communication and the Gestural Origins of Language », *Current Anthropology*, vol. 14, 1973, p. 5-24; U. T. Place, « The Role of the Hand in the Evolution of Language », *Psycoloquy*, vol. 11, n° 7, 2000, <http://psycprints.ecs.soton.ac.uk/archive/00000007/>, consulté en juin 2006; M. Corballis, *From Hand to Mouth: The Origins of Language*, Princeton, Princeton University Press, 2002.

26. W. D. Hopkins et D. A. Leavens, art. cité.

27. Voir J. McCrone, *The Ape That Spoke. Language and the Evolution of the Human Mind*, New York, Avon Books, 1991, et

M. Nakamura, « Grooming-Hand-Clasp in Mahale M Group Chimpanzees : Implication for Culture in Social Behaviours », dans C. Boesch, G. Hohmann et L. F. Marchant (dir.), *Behavioural Diversity in Chimpanzees and Bonobos*, Cambridge, Cambridge University Press, 2002, p. 71-83.

28. R. C. Brockett, R. H. Horwich et C. Jones, « Hand-Holding by Belizean Black Howler Monkey : Intentional Communication in a Neo-Tropical Primate », *Folia Primatologica*, vol. 76, 2005, p. 227-230.

29. A. Meguerditchian et J. Vauclair, « Baboons Communicate with Their Right Hand », *Behavioural Brain Research*, vol. 171, 2006, p. 170-174.

30. M. Tomasello, *Constructing a Language. A Usage-Based Theory of Language Acquisition*, Cambridge, Harvard University Press, 2003.

31. B. T. Gardner et R. A. Gardner, « Teaching Sign Language to a Chimpanzee », *Science*, vol. 165, p. 664-672 ; R. Fouts, « Transmission of Human Gestural Language in a Chimpanzee Mother-Infant Relationship », dans R. A. Gardner, B. T. Gardner, B. Chiarelli et F. X. Plooij (dir.), *The Ethological Roots of Culture*, Dordrecht, Kluwer Academic, 1994, p. 257-270 ; H. S. Terrace, *Nim, un chimpanzé qui a appris le langage gestuel*, Bruxelles, Pierre Mardaga, 1980 ; F. Patterson et E. Linden, *The Education of Koko*, New York, Holt Rinehart and Winston, 1981.

32. D. McNeill, *Hand and Mind : What Gestures Reveal About Thought*, Chicago, University of Chicago Press, 1992, p. 16.

33. A. Kendon, *Alternate Sign Language*, New York, Oxford University Press, 1987.

34. J. Kegl et G. Iwata, « Lenguaje de Signos Nicaragüense : A Pidgin Sheds Light on the "Creole" ASL », dans R. S. Carlson, S. DeLancey, S. Gildea, D. Payne et A. Saxena (dir.), *Proceedings of the Fourth Meetings of the Pacific Linguistics Conference*, Eugene (Ore.), Department of linguistics, University of Oregon, 1989, p. 266-294 ; J. Kegl, « The Nicaraguan Sign Language Project : An Overview », *Signpost*, vol. 7, nº 1, 1994, p. 24-31.

35. J. Umiker-Seboek et T.A. Sebeok (dir.), *Monastic Sign Languages*, Amsterdam, Mouton de Gruyter, 1987.

36. A. Kendon, « Knowledge of Sign Language in an Australian Aboriginal Community », *Journal of Anthropological Research*, vol. 40, 1984, p. 556-576.

37. Voir les différentes contributions sur ce thème dans J. Umiker-Sebeok et T. A. Sebeok, *op. cit.*

38. A. Carénini, « La symbolique manuelle », dans J. Poirier (dir.), *Histoire des mœurs*, vol. II, Paris, Gallimard, 1991, p. 75-162. Carénini a classé les gestes en fonction de chacun des doigts faisant ressortir de la sorte la diversité des gestuelles dans les différentes cultures. Nous lui emprunterons ici quelques exemples significatifs.

39. Selon A. Carénini, « la symbolique du pouce est l'espace infini, le vide ou l'éther, [...] l'index est l'air ou le vent, [...] le médius le feu, celle de l'annulaire l'eau et celle de l'auriculaire la terre » (art. cité, p. 79).

40. C. Chippaux, « Mutilations et tatouages », dans J. Poirier (dir.), *op. cit.*, p. 483-600.

41. M. Bouillon et P. Rouillier, *ABC de la morphochirologie*, Paris, Jacques Grancher, 1991.

42. C. Cartwright Jones, « The Functions of Childbirth and Postpartum Henna Traditions », 2002, <www.hennapage.com/henna/what/freebooks/HPJpp2.pdf>, consulté en juin 2006.

43. C. Grant, *Rock Art of the American Indian*, New York, Crowell, 1967 ; A. Leroi-Gourhan, *Préhistoire de l'art occidental*, Paris, Lucien Mazenod, « L'art et les grandes civilisations », 1965 ; P. J. Ucko, P. J. Rosenfeld et A. Rosenfeld, *L'art paléolithique*, Paris, Hachette, « L'univers des connaissances », 1966.

44. J. T. Manning, *Digit Ratio, A Pointer to Fertility, Behavior and Health*, New Brunswick (N. J.), Rutgers University Press, 2002. Cet indice montre que le rapport de longueur entre l'index et l'annulaire est fixe chez les femmes et différent chez les hommes. Cette particularité serait liée aux hormones sexuelles, en particulier à la testotérone, et déterminée pendant les premières phases du développement fœtal.

45. C. Leroi-Gourhan, *op. cit.*

46. Cité dans J. Piveteau, *op. cit.*, p. 100.

47. J. Piveteau, *ibid.*; A. Sahly, *Les mains mutilées dans l'art préhistorique*, thèse, université de Toulouse, 1966, cité dans C. Chippaux, art. cité.

48. M. Raphael, *L'art pariétal paléolithique*, Limoges, Kronos, 1986, p. 61.

49. K. Gröning, *Les mains des hommes. Toucher, saisir, façonner*, Paris, Martinière, 2001.

50. O. Bihalji-Merin, *L'art des Bogomiles*, Paris, Arthaud, 1963, p. XXX.

51. A. Chatel, *Le geste dans l'art*, Paris, Liana Lévi, 2001.

52. « L'image de la main, symbole de communication depuis 30 000 ans », <www.ricochet-jeunes.org/main/>, août 2006.

**David Le Breton, *Tours et détours de main: une esquisse***

1. Voir D. Le Breton, *La saveur du monde. Une anthropologie des sens*, Paris, Métailié, 2006.

2. Aristote, *Les parties des animaux*, Paris, Les Belles Lettres, 1956, p. 136-138.

3. *Ibid.*, p. 6.

4. D. Le Breton, *op. cit.*

5. Exceptionnellement chez des individus privés de l'exercice de leurs mains, les pieds sont susceptibles de toucher, de sentir, de saisir, de pousser, de casser, de façonner, de peindre, d'écrire, etc. Ils sont alors voués à la plupart des fonctions ordinaires de la main même si leur structure ostéomorphologique ne leur laisse pas une telle marge de manœuvre. On trouve un bel exemple de cela dans C. Brown, *Celui qui regardait passer les jours*, Paris, LGF, « Livre de poche », 1976, et *Du pied gauche*, Paris, LGF, « Livre de poche », 1975, témoignages de cet homme né paralysé et dont seuls bougent le visage et le pied gauche, qui est devenu son lien fondamental au monde.

6. G. Bachelard, *La terre et les rêveries de la volonté*, Paris, José Corti, 1978, p. 84.

7. P. Villey, *Le monde des aveugles*, Paris, Flammarion, 1914, p. 207.

8. Voir G. Révèsz, « La fonction sociologique de la main humaine et de la main animale », *Journal de psychologie normale et pathologique*, 1938.

9. Voir D. Le Breton, *op. cit.*

10. D. Diderot, « Lettre sur les aveugles », dans *Le rêve de d'Alembert*, Paris, LGF, « Livre de poche », 1984, p. 145. Le système de Louis Braille, ancien élève de Valentin Haüy, consiste à inscrire les sons sous la forme d'un relief reconnaissable par la sensibilité digitale. Les soixante-trois caractères de l'alphabet braille s'impriment en creux et se lisent en relief, sous la forme d'une perception haptique.

11. *Ibid.*, p. 176 et 158.

12. H. Keller, *Sourde, muette et aveugle*, Paris, Payot, 1991, p. 70.

13. *Ibid.*, p. 40 et 86-88.

14. *Ibid.*, p. 306.

15. *Ibid.*, p. 182, 191 et 170.

16. P. Villey, *op. cit.*, p. 80.

17. G. Révèsz, *Psychology and the Art of the Blind*, New York, Longmens, 1950.

18. P. Villey, *op. cit.*, p. 161.

19. J.-J. Rousseau, *Émile ou de l'éducation*, Paris, Flammarion, 1966, p. 168.

20. Pour une approche plus globale sur le rôle des mains dans la communication, la manière dont on se touche ou non et de quelle manière, voir D. Le Breton, *Les passions ordinaires*, Paris, Payot, « Petite bibliothèque », 2004.

21. G. Révèsz, *op. cit.*, p. 141.

22. Voir D. Le Breton, *Les passions ordinaires*, *op. cit.*

23. N. Vaschide, *Essai sur la psychologie de la main*, Paris, M. Rivière, 1909, p. 43.

24. Aristote, *Histoire des animaux*, Paris, Gallimard, « Folio », 1994, p. 90.

25. N. Vaschide, *op. cit.*, p. 91.

26. Dans *Des visages. Essai d'anthropologie* (Paris, Métailié, 2005), nous avons effectué une critique globale de ces physiognomonies et esquissé leur anthropologie.

27. N. Vaschide, *op. cit.*, p. 64 et suiv.

28. J.-G. Lavater, *La physiognomonie ou l'art de connaître les hommes*, Lausanne, L'Âge d'homme, 1979, p. 299.

29. L. Durrell, *Balthazar*, Paris, LGF, « Livre de poche », 1959, p. 333 et 334.

30. Voir D. Le Breton, *Des visages*, *op. cit.*

31. J.-P. Sartre, *La nausée*, Paris, Gallimard, 1938, p. 141-142.

32. A. Malraux, *La voie royale*, Paris, Grasset, 1930, p. 178-180.

33. *Ibid.*, p. 448 et 449-450.

34. J. L. Sampedro, *Le sourire étrusque*, Paris, Métailié, 1997, p. 70.

35. H. Melville, *Redburn ou sa première croisière*, Paris, Gallimard, « Folio », 1976, p. 420 et suiv.

**Roger Somé, *L'interdit du toucher***

1. E. Kant *Anthropologie du point de vue pragmatique*, trad. M. Foucault, Paris, Vrin, 1988, p. 37-38.

2. *Ibid.*, p. 38.

3. N. Dias, *La mesure des sens. Les anthropologues et le corps humain au XIXe siècle*, Paris, Flammarion, 2004.

4. Jean, XX, 29.

5. Jean, XX, 25.

6. Voir J.-L. Nancy, *Corpus*, Paris, Métailié, 2000.

7. *Ibid.*, p. 51 et J.-L. Nancy, *Le sens du monde*, Paris, Galilée, 1993, p. 100.

8. Matthieu, XXVI, 26-28; Marc, XIV, 22-24; Luc, XXII, 19-20.

9. Évoquant Œdipe (*Noli me tangere*, Paris, Bayard, 2003, p. 26-27) qu'il présente comme le « double » de Jésus en raison de ces paroles prononcées à Colone (« Venez sans me toucher »), Jean-Luc Nancy en vient, dans un rapprochement des expériences (chrétienne et grecque), à soutenir que « rien ni personne n'est intouchable dans le christianisme, dès lors que le corps même de Dieu y est donné à manger et à boire ». Seulement voilà, ce corps de Dieu est un non-corps, un corps métaphorique, symbolique qui permet un toucher dans l'absence de la touche. Un corps avec lequel le lien sensible, le contact dans la proximité, c'est-à-dire la touche sensible, n'est pas possible. Autrement, il ne serait pas un corps paradoxal, c'est-à-dire un corps proche et lointain, touchable et intouchable, sensible et non sensible. Ce corps de Dieu est donc bien « ce qu'on ne peut pas toucher », précise pourtant J.-L. Nancy dans *Au fond des images*, Paris, Galilée, 2003, p. 12. Le corps intouchable, celui de Dieu comme corps « impalpable », nous expose notre faiblesse, notre manque de pouvoir et notre infériorité. Palper ce corps, nous mettrait en égalité, voire en identité, avec lui ; ce qui est impossible.

10. R. Somé, « La figure de l'ancêtre. Anthropologie de l'éternité en Afrique noire », *Revue des sciences sociales*, nº 34, 2005, p. 34-43.

11. Voir entre autres J.-L. Nancy, *Corpus*, *op. cit.*, p. 25-26.

12. F. Warin, *La passion de l'origine. Essai sur la généalogie des arts premiers*, Paris, Ellipses, 2006, p. 116.

13. E. Cassirer, *Essai sur l'homme*, Paris, Minuit, 1972, p. 241.

14. J. Derrida, *Mémoires d'aveugle. L'autoportrait et autres ruines*, Paris, Réunion des Musées nationaux, 1990, p. 50.

15. Mais le bébé — notamment le nouveau-né — n'est-il pas, pour les Dagara, un être fort, doté de pouvoirs surhumains ! Alors, il faut ménager ces nouveaux venus du pays des ancêtres qui peuvent être là pour nous éprouver. Ainsi, ce geste, qui est tout à fait anodin pour nous, pourrait bien être celui d'un des ancêtres de la famille qui (re)vient vérifier la tenue de la maison dont il est toujours membre bien qu'ayant quitté ce monde-ci pour retourner d'où il était préalablement venu, poursuivant ainsi sa vie éternelle. En l'absence du comportement approprié à la suite de son geste, des sanctions pourraient survenir. D'où la nécessité pour la mère d'être attentive au comportement de son enfant notamment pendant la toilette puisque, traditionnellement, celui-ci reçoit son bain couché sur les cuisses de sa mère. Plus tard, il sera assis sur les jambes.

16. R. Somé, *Art africain et esthétique occidentale*, Paris, L'Harmattan, 1998, notamment p. 81-103.

17. M. Griaule, *Dieu d'eau. Entretiens avec Ogotemmêli*, Paris, Fayard, 2001 [1966], p. 22-30 et 146-163.

18. R. Somé, *Beauté extérieure, beauté intérieure. Du corps comme référent éthique*, inédit.

19. J. Derrida, *op. cit.*, p. 11.

20. Cité par J. Derrida, *ibid.*, p. 9.

21. D. Anzieu, *Le moi-peau*, Paris, Dunod, 1995 [1985].

**Florence Vinit, *À fleur de main***

1. M. Serres, *Les cinq sens*, Paris, Hachette, 1998, p. 455.

2. M. Jackson, « The Knowledge of the Body », cité dans D. Howes, *Sensual Relations : Engaging the Senses in Culture and Social Theory*, Chicago, University of Michigan Press, 2003, p. 33.

3. D. Howes, « Skinscapes : Embodiment, Culture, and Environment », dans C. Classen, *The Book of Touch*, Oxford, Berg Publishers, 2005.

4. J. L. Singh et R. M. Zing, *Wolf Children and Feral Man*, New York, Archon, 1966.

5. C. Classen, « Foundations for an Anthropology of the senses », *International Social Science Journal*, vol. 153, 1997, p. 405.

6. La mortification de la chair pouvant être dans certains rituels, comme ceux des stylites au cinquième siècle, un véritable exercice spirituel.

7. D. Anzieu, *Le moi-peau*, Paris, Dunod, 1995.

8. F. Veldman, *L'haptonomie, science de l'affectivité*, Paris, Payot, 1989.

9. G. Corine, B. Dohmen et C. Mispelaere, *Trois fées pour un plaidoyer. L'éloge d'une naissance amoureuse et consciente*, Bruxelles, Amyris, 2004.

10. Cette corporalité se distingue de la dimension organique ou de l'apparence du corps pour désigner l'espace de rencontre créé par le corps dans la relation à l'autre. Elle est très proche de la notion de corps de Merleau Ponty, comme « centre existentiel et [...] manière singulière d'être au monde de chaque individu » (voir *Phénoménologie de la perception*, Paris, Gallimard, 1945).

11. De Alvaro de Carcer, « Incidence de l'approche affectivo-confirmante sur le vécu de la douleur et sur les neurotransmetteurs

spécifiques », actes du congrès d'haptonomie à l'Unesco, Paris, 1990.

12. P. Fédida cité dans B. Dohmen, « La peau et le toucher, instrument du psychisme », *Psycorps*, vol. 4, nº 1, 1999.

13. B. Dohmen, *ibid*.

14. F. Vinit, *Le toucher dans le champ des pratiques soignantes contemporaines*, thèse de doctorat en sociologie, université Marc-Bloch, Strasbourg, 2004.

15. L. Holler, *Erotic Morality, The Role of Touch in Moral Agency*, New Brunswick ( N. J.), Rutgers University Press, 2002, p. 122.

16. Pour reprendre le titre du colloque de Dalie Giroux, Association canadienne-française pour l'avancement des sciences ( ACFAS ), Montréal, mai 2006.

**Jean A. Nisole, *Petite rhapsodie pour deux mains***

1. Voir J.-A. Nisole, *Psychothérapie des états pathologiques — considérations cliniques*, annexe II, Montréal, Presses de l'université de Montréal, 1986.

2. D. T. Suzuki, « Le bouddhisme zen » ( conférence prononcée à Londres et publiée dans le *Aryan Path* [ 1953 ] ), *Les chemins du Zen*, Monaco, Rocher, 1990.

3. Saint Augustin, *Confessions*, X, 8, Paris, Seuil, 1982.

4. « ... *jene Bewegung, welche "die Hände wegnimmt"* » ( R. Guardini, *Le monde et la personne*, IIe partie, chap. II, « Le rapport "Je-Tu" », Paris, Seuil, 1966.

5. Traduction classique : « Il meurt en classifiant » ( usage métaphorique du verbe latin *transire*, qui signifie « passer, passer de l'autre côté, etc. » ). H. Maldiney est cité ici d'après J. Schotte, « Notes pour rouvrir un dialogue sur la psychanalyse. Pratique et science humaine clinique », Bruxelles, Publications des facultés universitaires Saint-Louis, 1975. Maldiney est l'un de ces penseurs qu'ignorent les livres d'histoire de la philosophie ou les dictionnaires. Il a écrit notamment *Aîtres de la langue et demeures de la pensée*, Lausanne, L'Âge d'homme, 1975.

6. Dans l'optique d'une « imitation du Bouddha », aussi subtile et aussi nécessaire, aussi évidente et aussi mystérieuse que l'*Imitation de Jésus-Christ* recommandée par Thomas a Kempis — livre qui a peut-être influencé Moïse Cordovero, dont l'éthique est centrée sur l'*imitatio dei*, et par là l'audacieux kabbaliste Isaac Louria.

7. L'idée est ancienne, on la trouve dans le *Séfer Yetsira* ( Livre de la Création ), dans le *Séfer ha-bahir* ( Livre de la Clarté ), mais elle a reçu son plus ample développement dans la Kabbale de Safed, avec Isaac Louria.

8. Le plus parisien des Russes a eu ce mot délicieux : « Quel que soit l'objet d'une prière, l'homme qui prie demande un miracle. Toute prière revient à ceci : "Ô Grand Dieu, fais que deux et deux ne fassent pas quatre" » ( I. S. Tourguéniev, « La prière », *Poèmes en prose*, éd. bilingue, s. l., Orphée et La Différence, 1990.

9. M. Luther, « Avertissement », *Études sur les Psaumes*, dans *Œuvres*, t. XVIII, Genève, Labor et Fides, 2001.

10. D. Bonhoeffer, Lettre de juin 1944, *Résistance et soumission*, Genève, Labor et Fides, 1973.

**Simon Richer, *Par la main avec cœur***

1. J. Guichard-Meidi, *CLXXI proverbes à expérimenter*, Paris, Galanis, 1966, nº 174.

2. S. Richer, « De la parole à l'action, de l'action à la parole », conférence en pédopsychiatrie, Paris, 2004.

3. J.-A. Richer ( 1900-1990 ), « Simone », poème ( 1926 ), original manuscrit.

4. Voir A. Leroi-Gourhan, *Le geste et la parole*, 2 vol., Paris, Albin Michel, 1965 ; D. Lewis-Williams, *The Mind in the Cave*, Londres, Thames and Hudson, 2002 ; S. Mithen, *The Prehistory of the Mind*, Londres, Thames and Hudson, 1996.

5. P. Verlaine, *Fêtes galantes*, Paris, Gallimard, 1973.

6. I. Noguchi, *Essays and Conversations*, édition établie par D. Apostolos-Cappadona et B. Altshuler, New York, Isamu Noguchi Foundation et Harry Abrams, 1993.

7. D. Lomas, *The Haunted Self : Surrealism, Psychoanalysis, Subjectivity*, New Haven et Londres, Yale University Press, 2000.

8. C. Fletcher, *The New Complete Walker*, New York, Alfred A. Knopf, 1974.

9. C. Millet, *Dali et moi*, Paris, Gallimard, 2005.

10. D. Pearsons, *New Organic Architecture : The Breaking Wave*, Los Angeles, University of California Press, 2001.

11. Alain, *Entretiens chez le sculpteur*, Paris, Paul Hartmann, 1949.

**Eric Volant, *Les mains de Vincent***

1. S. Germain, *Tobie des marais*, Paris, Gallimard, 1998, p. 25.

2. J. Saramago, *La caverne*, Paris, Seuil, 2002, p. 27.

3. J.-P. Cabarat, « Raymond Guillot, musicien Blésois (1914-2001) », *Musica et Memoria*, <www.musimem.com>.

4. J. Saramago, *op. cit.*, p. 84. La fin de ce paragraphe est entièrement inspirée par la pensée de cet auteur.

5. V. Van Gogh, lettre 404, *Verzamelde brieven*, II, Amsterdam et Anvers, Wereld-Bibliotheek, 1974. Cette lettre est partiellement traduite par Robert Wallace, *Van Gogh et son temps, 1853-1890*, Amsterdam, Time-Life International, 1976, p. 22. Les références au *Verzamelde brieven*, recueil de la correspondance de Vincent à Théo, et quelques fois à sa mère, son père, sa sœur ou à des artistes et des amis, seront désormais indiquées par les initiales *V. B.* I ou II. Ces deux volumes sont à leur tour divisés en parties qui ont leur pagination indépendante. Sauf exceptions signalées, le néerlandais qui paraît dans la correspondance est traduit par nous.

6. *V. B.*, I, partie 2, p. 107.

7. *V. B.*, I, partie 2, lettre 263, p. 110.

8. *V. B.*, I, partie 2, lettre 275, p. 144.

9. *V. B.*, I, partie 2, lettre 300, p. 211.

10. *V. B.*, I, partie 2, lettre 371, p. 414.

11. Paroles : Gilles Vigneault, musique : Claude Léveillée, interprétation : Richard Desjardins.

12. K. Kitamori, *Theology of the Pain of God*, Richmond, John Knox, 1965 ; D. Bonhoeffer, *Résistance et soumission. Lettres et notes de captivité*, Genève, Labor et Fides, 1973 ; J. Gutierrez, *Théologie de la libération*, Bruxelles, Lumen vitæ, 1974 ; E. Volant, « Le Dieu pathétique de la théologie », dans *Dieu. Parole et silence*, Montréal, Fides, « Essais et recherches », 1978, p. 225-250.

13. *V. B.*, II, partie 3, lettre 405, p. 25.

14. *V. B.*, I, partie 1, lettre 136, p. 207.

15. *V. B.*, I, partie 1, lettre 133, p. 196.

16. *V. B.*, I, partie 1, lettre 133, p. 199.

17. *V. B.*, II, partie 3, lettre 603, p. 448.

18. *V. B.*, II, partie 3, lettre 592, p. 425.

19. R. Wallace, *op. cit.*, p. 40.

20. *V. B.*, II, partie 3, lettres 622 a, p. 489-490, lettre 626 b, p. 502, lettre 634 a, p. 524.

21. *V. B.*, II, partie 3, lettre 643, p. 527-529.

22. J. Kristeva, *Soleil noir. Dépression et mélancolie*, Paris, Gallimard, « Folio Essais », 1987, p. 24-25.

23. *V. B.*, II, partie 3, lettre 604, p. 450.

24. *V. B.*, II, partie 3, lettre 597, p. 438.

25. *V. B.*, II, partie 3, lettre 649, p. 536.

26. *V. B.*, II, partie 3, lettre 638, p. 519.

27. *V. B.*, II, partie 4, lettre W 23, p. 184.

28. Paraphrase d'une parole de Merlin au roi Arthur dans le film *Excalibur* (réal. : J. Boorman, 1980).

29. J. Kristeva, *op. cit.*, p. 15, où il est question de l'écriture et non pas de la peinture.

30. A. Juranville, *La mélancolie et ses destins : mélancolie et dépression*, Paris, In Press, « Psycho Pocket », 2005, et *La femme et la mélancolie*, Paris, PUF, 1993 ; R. Klibanski, E. Panofsky et F. Saxl, *Saturne et la mélancolie*, Paris, Gallimard, 1989.

**Roger Cevey, *La main aïki***

1. A. Watts, *Les deux mains de Dieu. Les mythes de polarité*, Paris, Le Mail, 1989.

2. Lao-Tseu, *Tao te king*, trad. L. Kia-Huay, Paris, Gallimard, 1967.

3. Voir à ce sujet A. Watts, *Le bouddhisme zen*, Paris, Payot, 1975.

4. Lire à ce sujet de K. von Dürckheim, *Hara, centre vital de l'homme*, Paris, Courrier du livre, 1978. L'ouvrage a un peu mal vieilli mais donne une bonne idée de la place qu'occupe le *hara* dans la tradition japonaise.

5. Aristote, *Éthique à Nicomaque*, Paris, GF-Flammarion, 1992.

6. F. Julien, *Traité de l'efficacité*, Paris, Grasset, « Biblio essais », 1996.

7. Machiavel, *Le prince*, Paris, GF-Flammarion, 1980.

**Jessica Guenot, *Les gestes des mains dans le Bharata Natyam***

1. Le Natya Shastra est le traité de base en sanscrit des arts indiens, vieux de 2000 ans, il aurait été écrit par Bharata-Muti.

2. Le *varnam* est un récital traditionnel de danse qui doit respecter un canevas, un enchaînement de danses précis. C'est la pièce maîtresse et la plus longue d'un récital, la danseuse alterne épisodes narratifs et enchaînements de pas sur des rythmes différents et de plus en plus rapide. Le *padam* est une danse

entièrement basée sur l'expression. Évoquant *srngara*, l'amour, l'absence de l'être aimé, et *bhakti*, la dévotion. Le *schlokam* est une invocation, un poème aux dieux. Adressé à un dieu précis, l'aspect dévotionnel est prédominant et invoque la protection.

3. K. Légeret, *La gestuelle des mains dans le théâtre dansé indien*, Paris, Geuther, 2004, p. 113.

4. D. Le Breton, *Anthropologie du corps et de la modernité*, PUF, Paris, 1990 (1980).

5. La tradition : terme équivoque et vague, en effet, qui peut garantir aujourd'hui l'authenticité d'une tradition de plus de deux mille ans, en attestant en outre qu'elle a subi des changements ? Ainsi c'est par notre volonté et notre jugement sur le passé que nous devenons les garants de la véracité d'une tradition plus par notre volonté que par la réalité des faits.

6. Les *adavus* sont les pas de base en Bharata Natyam, ils sont classés par famille en fonction du déplacement des pieds et des syllabes rythmées qui les accompagnent.

# Notices

**Sylvain Bédard** est historien de l'art. Il est chargé de cours, notamment à l'université de Montréal et au collège Lionel-Groulx (Québec).

**Pierre Bertrand** est philosophe. Il enseigne au collège Édouard-Montpetit (Québec). Il est l'auteur d'une œuvre philosophique considérable, dont récemment *La conversion du regard* (Liber, 2005) et *Exercices de perception* (Liber, 2006).

**Roger Cevey** enseigne l'aïkido, en Suisse, depuis plus de trente ans. Il est également philosophe et éthicien, formateur et consultant en matière d'éthique dans les domaines de la relation d'aide (éducation, pédagogie, santé et sécurité publique).

**Jessica Guenot** a obtenu son master 2 d'anthropologie à l'université de Lyon. Elle pratique le Bharata Natyam avec Annie Torre, et a également pris des cours à Madras, en Inde, auprès de Shobana Bhalachander.

**David Le Breton** est professeur de sociologie à l'université Marc-Bloch de Strasbourg. Membre de l'Institut universitaire de France. Il est l'auteur notamment de *Déclinaisons du corps* (entretiens avec Joseph J. Lévy, Liber), Du silence (Métailié), *Les passions ordinaires. Anthropologie des émotions* (Payot), *Des visages* (Métailié), *La saveur du monde. Une anthropologie des sens* (Métailié).

**Georges Leroux** est professeur de philosophie grecque au département de philosophie de l'université du Québec à Montréal. Traducteur de Platon (*La république*, Flammarion), il a écrit de nombreuses études sur la pensée antique.

**Joseph J. Lévy** est anthropologue et professeur à l'université du Québec à Montréal. Aux éditions Liber, il a publié plusieurs ouvrages d'entretiens avec divers scientifiques des sciences humaines et sociales (Jean Benoist, François Laplantine, David Le Breton, Hélène Reboul, Georges Anglade).

**Jean-François Malherbe** est professeur titulaire à l'université de Sherbrooke (Québec) Il est également formateur et conseiller en éthique auprès de divers organisme. Auteur d'une importante œuvre philosophique, il a récemment publié *Les crises de l'incertitude* (Liber, 2006).

**Alain Médam** est peintre, sociologue, essayiste. Il est l'auteur de plusieurs ouvrages de sociologie urbaine (New York, Naples, Jérusalem, Montréal...) et de divers essais sur la création (chez Liber, *La tentation de l'œuvre*, *Ce que la musique donne à entendre*).

**Jean Métellus** est poète, romancier, dramaturge, essayiste, médecin neurologue, docteur en linguistique. Spécialiste des troubles du langage, il a entre autres publié (avec Béatrice Sauvageot) *Vive la dislexie!* Écrivain, il a une œuvre abondante dont *Au pipirite chantant* (Maurice Nadeau, 1978), *Jacmel au crépuscule* (Gallimard 1981), *La vie en partage* (Desclée, 2000).

**Jean A. Nisole** s'est longtemps occupé de maladies mentales. Il enseigne depuis quelques années la philosophie à l'université Sherbrooke (Québec). Il a publié plusieurs ouvrages sur les troubles mentaux et leur traitement. Chez Liber, il a publié *Rencontres d'un Occidental avec le zen* (2006).

**Yvon Pageau** est paléontologue, professeur retraité du département des sciences de la terre de l'université du Québec à Montréal. Il a étudié à Montréal, New York, Chicago et Paris, où il a obtenu son doctorat.

**Simon Richer** est écrivain, sculpteur, musicien. Il est également médecin ( pédopsychiatre ). Il est l'auteur d'ouvrages scientifiques, de poésie et, chez Liber, d'un recueil de « portraits », *Le chant de l'enclume* ( 2006 ).

**Claire Silvera-Rochon** est écrivain, compositeur, interprète et peintre. Elle a également animé des émisisions à Radio-Canada et produit des spectacles de poésie et de chant.

**Roger Somé** est maître de conférences, unité de formation et de recherche des sciences sociales, université Marc-Bloch ( Strasbourg ). Il a publié *Art africain et esthétique occidentale* ( Harmattan, 1998 ) et *Le musée imaginaire à l'ére de la mondialistaion* ( Harmattan 2004 ).

**Maria-Grazia Vilona** anime en Suisse romande des ateliers de créativité manuelle destinés à des personnes vivant avec des handicaps physiques et intellectuels graves. Elle a acquis un diplôme de deuxième cycle en éthique appliquée auprès de l'université de Sherbrooke ( Québec ) où elle achève actuellement une maîtrise en philosophie.

**Florence Vinit** se passionne pour la thème du rapport et de la sensorialité dans la pratique soignante. Après des études en philosophie et en anthropologie, elle a fait sa thèse de doctorat sur le rapport au toucher dans les soins et travaille au centre de recherche sur la sensorialité de l'université Concordia.

**Eric Volant** a enseigné à l'université de Montréal ( faculté de théologie ) et à l'université du Québec à Montréal ( département des sciences religieuses ). Il s'intéresse à la question de la mort volontaire (*Culture et mort volontaire*, Liber 2006 ), mais aussi à la question morale en général (*La maison de l'éthique*, Liber, 2002 ).

# Crédits photos

© Alain Décarie : p. 16, 23, 24, 49, 50, 65, 66, 78, 86, 95, 96, 101, 102, 111, 119, 122, 138, 145, 146, 156

© Ariadna : p. 38, 112
© Liselotte Sivertsen Carlson : p. 72
© Loan Nguyen : p. 152, 153, 155

© Art Resource : p. 37, 131, 135
© Vanni/Art Resource : p. 22
© Gérard Blot/Réunion des Muéses nationaux : p. 124
© Erich Lessing/Art Resource : p. 125

IStock International
© Dave Huss : p. 18
© Hélène Vallée : p. 30
© Josie Drever Chu : p. 35
© Tim Pohl : p. 41
© Black Red : p. 44
© Richard Simpkins : p. 61
© Peeter Viisimaa : p. 105
© RMax : p. 108
© sx70 : p. 32

# Table des matières

Éditions Liber
2318, rue Bélanger, Montréal, Québec, H2G 1C8
téléphone : 514-522-3227 ; télécopie : 514-522-2007
site : www.editionsliber.org ; courriel : info@editionsliber.org

Distribution

**Canada :**
Diffusion Dimedia
539, boulevard Lebeau, Montréal, Québec, H4N 1S2
téléphone : 514-336-3941 ; télécopie : 514-331-3916
courriel : general@dimedia.qc.ca

**France et Belgique :**
DNM, Diffusion du nouveau monde
30, rue Gay-Lussac, 75005 Paris
téléphone: (01) 43 54 49 02; télécopie : (01) 43 54 39 15
courriel: direction@librairieduquebec.fr

**Suisse :**
Servidis
5, rue des Chaudronniers, C. P. 3663, CH-1211 Genève 3
téléphone : (022) 960-9510; télécopie: (022) 960-9525
courriel : admin@servidis.ch

Achevé d'imprimer en novembre 2006,
sur les presses de Gauvin imprimerie
Gatineau, Québec